普通高等学校“十四五”规划
生命科学类创新型特色教材

生物化学实验

（第二版）

主　编　王元秀　朱长俊

副主编　张向前　胡位荣　冯　昕　谢永芳
闫　洁　孙纳新

编　者（按姓氏拼音排序）

樊祥宇（济南大学）
冯　昕（郑州轻工业大学）
高　娟（济南大学）
耿丽晶（锦州医科大学）
胡位荣（广州大学）
李洪梅（济南大学）
孙纳新（济南大学）
王元秀（济南大学）
毋文静（嘉兴学院）
谢永芳（重庆邮电大学）
闫　洁（石河子大学）
叶春江（济南大学）
张东京（宿州学院）
张俊娇（齐鲁理工学院）
张向前（延安大学）
朱长俊（嘉兴学院）

华中科技大学出版社
中国·武汉

内 容 简 介

本书以不同生物分子为单元，全面、系统地介绍了与相应生物分子有关的生物化学实验技术与方法，全书共分为五章，涵盖蛋白质、核酸、酶及维生素、糖类、脂类等物质的分离、纯化、定性或定量分析、功能和代谢的研究等。每章又按实验内容的复杂程度分为三类，分别为基础性实验、综合性实验和设计性实验。相比第一版，本书以二维码形式增加了设备使用、实验操作、实验结果分析等数字资源，使学生能更积极、准确地完成实验，提高学生的科学思维能力。

本书可供高等院校生命科学类专业本、专科学生使用，也可供非生命科学类专业的学生使用，还可供相关专业的科研人员参考。

图书在版编目(CIP)数据

生物化学实验/王元秀，朱长俊主编. —2 版. —武汉：华中科技大学出版社，2022.6(2024.7 重印)
ISBN 978-7-5680-8233-4

Ⅰ. ①生…　Ⅱ. ①王…　②朱…　Ⅲ. ①生物化学-实验-高等学校-教材　Ⅳ. ①Q5-33

中国版本图书馆 CIP 数据核字(2022)第 070007 号

生物化学实验(第二版)　　　　王元秀　朱长俊　主编
Shengwu Huaxue Shiyan(Di-er Ban)

策划编辑：王新华
责任编辑：王新华　李艳艳
封面设计：原色设计
责任校对：刘小雨
责任监印：周治超
出版发行：华中科技大学出版社(中国・武汉)　　电话：(027)81321913
　　　　　武汉市东湖新技术开发区华工科技园　　邮编：430223
录　　排：华中科技大学惠友文印中心
印　　刷：武汉市洪林印务有限公司
开　　本：787mm×1092mm　1/16
印　　张：9.25
字　　数：241 千字
版　　次：2024 年 7 月第 2 版第 2 次印刷
定　　价：32.00 元

本书若有印装质量问题，请向出版社营销中心调换
全国免费服务热线：400-6679-118　竭诚为您服务
版权所有　侵权必究

普通高等学校"十四五"规划生命科学类创新型特色教材

编 委 会

■ 主任委员

陈向东　武汉大学教授，2018—2022年教育部高等学校大学生物学课程教学指导委员会秘书长，中国微生物学会教学工作委员会主任

■ 副主任委员（排名不分先后）

胡永红　南京工业大学教授，食品与轻工学院院长

李　钰　哈尔滨工业大学教授，生命科学与技术学院院长

卢群伟　华中科技大学教授，生命科学与技术学院副院长

王宜磊　菏泽学院教授，牡丹研究院执行院长

■ 委员（排名不分先后）

陈大清	郭晓农	李　宁	陆　胤	宋运贤	王元秀	张　明
陈其新	何玉池	李先文	罗　充	孙志宏	王　云	张　成
陈姿喧	胡仁火	李晓莉	马三梅	涂俊铭	卫亚红	张向前
程水明	胡位荣	李忠芳	马　尧	王端好	吴春红	张兴桃
仇雪梅	金松恒	梁士楚	聂呈荣	王锋尖	肖厚荣	郑永良
崔韶晖	金文闻	刘秉儒	聂　桓	王金亭	谢永芳	周　浓
段永红	雷　忻	刘　虹	彭明春	王　晶	熊　强	朱宝长
范永山	李朝霞	刘建福	屈长青	王文强	徐建伟	朱德艳
方　俊	李充璧	刘　杰	权春善	王文彬	闫春财	朱长俊
方尚玲	李　峰	刘良国	邵　晨	王秀康	曾绍校	宗宪春
冯自立	李桂萍	刘长海	施树良	王秀利	张　峰	
耿丽晶	李　华	刘忠虎	施文正	王永飞	张建新	
郭立忠	李　梅	刘宗柱	舒坤贤	王有武	张　龙	

普通高等学校“十四五”规划生命科学类创新型特色教材

作者所在院校

（排名不分先后）

北京理工大学
广西大学
广州大学
哈尔滨工业大学
华东师范大学
重庆邮电大学
滨州学院
河南师范大学
嘉兴学院
武汉轻工大学
长春工业大学
长治学院
常熟理工学院
大连大学
大连工业大学
大连海洋大学
大连民族大学
大庆师范学院
佛山科学技术学院
阜阳师范大学
广东第二师范学院
广东石油化工学院
广西师范大学
贵州师范大学
哈尔滨师范大学
合肥学院
河北大学
河北经贸大学
河北科技大学
河南科技大学
河南科技学院
河南农业大学
石河子大学
菏泽学院
贺州学院
黑龙江八一农垦大学
华中科技大学
南京工业大学
暨南大学
首都师范大学
湖北大学
湖北工业大学
湖北第二师范学院
湖北工程学院
湖北科技学院
湖北师范大学
汉江师范学院
湖南农业大学
湖南文理学院
华侨大学
武昌首义学院
淮北师范大学
淮阴工学院
黄冈师范学院
惠州学院
吉林农业科技学院
集美大学
济南大学
佳木斯大学
江汉大学
江苏大学
江西科技师范大学
荆楚理工学院
南京晓庄学院
辽东学院
锦州医科大学
聊城大学
聊城大学东昌学院
牡丹江师范学院
内蒙古民族大学
仲恺农业工程学院
宿州学院
云南大学
西北农林科技大学
中央民族大学
郑州大学
新疆大学
青岛科技大学
青岛农业大学
青岛农业大学海都学院
山西农业大学
陕西科技大学
陕西理工大学
上海海洋大学
塔里木大学
唐山师范学院
天津师范大学
天津医科大学
西北民族大学
北方民族大学
西南交通大学
新乡医学院
信阳师范学院
延安大学
盐城工学院
云南农业大学
肇庆学院
福建农林大学
浙江农林大学
浙江师范大学
浙江树人学院
浙江中医药大学
郑州轻工业大学
中国海洋大学
中南民族大学
重庆工商大学
重庆三峡学院
重庆文理学院
辽宁大学
燕山大学
临沂大学
山西医科大学
宁夏大学
重庆第二师范学院
齐鲁理工学院
六盘水师范学院
河西学院
广西贵港工业学院

第二版前言

生命科学被公认为21世纪的带头学科之一。生命科学的发展离不开生物化学，生物化学既是生命科学的基础，又是生命科学的前沿，它是生物、农、医、药等与生命科学相关专业的必修课程，不仅学习生命科学及与其相关学科的学生需要学习生物化学，而且学习化学、物理学、环境科学、信息科学、材料科学等的学生也需要对生物化学有所了解。

生物化学是一门实验性科学，实验教学占有重要的位置，学生动手能力、创新能力、科学思维能力的培养主要依靠实验教学来完成。

本书第一版于2014年8月出版，至今已近9年。这期间不仅生物化学学科及其技术方法有许多新进展，而且教学模式、教学方法也发生了很大变化，国家“双万计划”的实施也极大地推动了丰富多彩的线上资源的推广应用，因此，教材应适应新形势，并使学生尽快地与迅猛发展的学科前沿接轨。为此，我们对第一版进行了修订。第二版在总体指导思想上仍遵循第一版的原则，本书以不同生物分子为单元，全面、系统地介绍与相应生物分子有关的生物化学实验技术与方法，全书共分为五章，涵盖蛋白质、核酸、酶及维生素、糖类、脂类等物质的分离、纯化、定性或定量分析、功能和代谢的研究等，每章又按实验内容的复杂程度分为三类，基础性实验介绍其基本原理和技术，综合性实验介绍生物分子连续分离制备研究技术，设计性实验以培养学生科研技能为主。第二版在编写形式上进一步突出以学生为本的指导思想，坚持“绿水青山就是金山银山”的理念，形成绿色生产生活方式，坚持问题导向，坚持系统观念，在此基础上在内容和形式上进行了部分变动。

1. 调整部分实验内容。“血清中谷丙转氨酶活力的测定”改为“肝脏谷丙转氨酶活力的测定”，“蛋白质的酶解及多肽的分离纯化”改为“蛋白质的酶解及凝胶层析法测定多肽相对分子质量”，“酵母细胞壁多糖的提取及凝胶层析法测定分子量”改为“酵母细胞壁多糖的制备”，增加实验“丙二醛(MDA)含量的测定”。

2. 为了实验安全，提升人文关怀，实验项目前增加“生物化学实验安全”，实验步骤后增加“废弃物处理”。

3. 关于设计性实验，为了继续激发学生的实验创新能力，同时提高这些实验的开设率，设计性实验步骤处给予简单资料说明。

4. 为了提升本书的直观性、启发性、开拓性及应用性，本书以二维码形式增加设备使用、实验操作、实验结果分析等数字资源，使学生能更主动、正确地完成实验。

本书可供高等院校的生命科学等专业本、专科学生使用，也可供非生命科学专业的学生使用，还可供其他专业的科研人员参考。

感谢第一版作者对本书编写工作付出的努力。虽然编者对本书的修订和再版付出了很大努力，但限于编者水平，书中仍难免存在缺点和不足，恳请读者提出宝贵意见。您的宝贵意见与建议可以通过华中科技大学出版社转达，或直接发E-mail给编者：chm_wangyx@ujn.edu.cn。

编　者

第一版前言

生命科学已被公认为21世纪的带头学科之一。生命科学的发展离不开生物化学，生物化学既是生命科学的基础，又是生命科学的前沿，它是生物、农、医、药等与生命学科相关专业的必修课程，不仅学习生命科学及与其相关学科的学生需要学习生物化学，而且学习化学、物理学、环境科学、信息科学、材料科学等的学生也需要对生物化学有所了解。

生物化学是一门实验性科学，实验教学占有重要的位置，学生动手能力的培养、创新能力的培养主要依靠实验教学来完成。

本书以不同生物分子为单元，全面、系统地介绍了与相应生物分子有关的生物化学实验技术与方法。全书共分为五章，内容涵盖蛋白质、核酸、酶及维生素、糖类、脂类的分离分析方法，每章又按实验内容的复杂程度分为三类，其中基础性实验介绍其基本原理和技术，综合性实验介绍生物分子连续分离制备研究技术，设计性实验以培养学生科研技能为主。通过以不同生物分子为实验对象，学生能掌握分配层析、电泳、离子交换等分离制备技术，掌握分光光度、分子筛等定性定量分析技术，这些实验技术和方法均是从事教学和科研一线教师多年工作的总结，因而本书可供高等院校的生命科学类专业本、专科学生使用，也可供非生命科学专业的学生使用，还可供其他相关专业的科研人员参考。

鉴于本书是专业基础课实验教材，本书编者在着重考虑教材所要求的基础性的同时，也考虑了它的系统性，还考虑了相关内容与后续专业课程的关联性，以及内容的先进性。编写人员在总结多年教学经验的基础上，根据生物化学研究的进展和人才培养的需求，对本书的结构体系和教学内容进行了认真的思考与探讨，并做了一些改革与尝试，是否得当尚需经过进一步的教学实践检验。本书的特点：①内容系统全面，删繁就简、突出重点，编写形式上层次鲜明、图文并茂；②融汇了编者多年的教学经验；③为使学生更好地理解、学习，每一实验均附有要点提示和思维拓展。

本书是全体编写人员集体劳动和智慧的结晶。虽然我们做了很大的努力，并反复修改，但深感自己知识与能力有限，书中难免存在不足之处，恳请读者不吝指正。

编　者

目　　录

生物化学实验安全　/1

第一章　蛋白质　/3

第一节　基础性实验　/3

实验 1　纸层析法分离鉴定氨基酸　/3

实验 2　微量凯氏(micro-Kjeldahl)定氮法测定蛋白质含量　/5

实验 3　Folin-酚试剂法(Lowry 法)测定蛋白质含量　/9

实验 4　考马斯亮蓝染色法(Bradford 法)测定蛋白质含量　/11

实验 5　BCA 法测定蛋白质的含量　/13

实验 6　紫外分光光度法测定蛋白质的含量　/16

实验 7　蛋白质的性质(显色反应、等电点沉淀)　/17

实验 8　乙酸纤维素薄膜电泳分离血清蛋白　/25

第二节　综合性实验　/28

实验 9　膜分离技术分离纯化蛋白质　/28

实验 10　聚丙烯酰胺凝胶电泳分离血清蛋白　/33

实验 11　葡聚糖凝胶过滤层析法测定蛋白质相对分子质量　/37

实验 12　SDS-聚丙烯酰胺凝胶电泳法测定蛋白质相对分子质量　/41

实验 13　蛋白质印迹(Western-Blotting)　/44

第三节　设计性实验　/50

实验 14　细胞色素 c 的提取制备与含量测定　/50

实验 15　不同生物材料中氨基酸的提取及分离分析　/53

第二章　核酸　/55

第一节　基础性实验　/55

实验 16　定磷法测定核酸的含量　/55

实验 17　改良苔黑酚法测定 RNA 含量　/57

实验 18　紫外分光光度法测定核酸的含量　/59

第二节　综合性实验　/61

实验 19　RNA 的提取与组分鉴定　/61

实验 20　离子交换柱层析分离核苷酸　/63

第三节　设计性实验　/69

实验 21　动物肝脏 DNA 的提取、分离与检测(琼脂糖凝胶电泳)　/69

第三章　酶及维生素　/72

第一节　基础性实验　/72

实验 22　酶的特异性与高效性　/72

实验 23　酶促反应动力学——pH 值、温度、激活剂、抑制剂对酶促反应速率的影响　/74

实验 24　过氧化氢酶米氏常数(K_m)的测定　/77

实验 25　唾液淀粉酶活力的测定　/79

实验 26　琥珀酸脱氢酶的竞争性抑制　/81

第二节　综合性实验　/83

实验 27　脲酶的活力测定　/83

实验 28　肝脏谷丙转氨酶活力的测定　/86

实验 29　碱性磷酸酶的分离纯化及比活力测定　/90

实验 30　酵母醇脱氢酶的分离纯化及活力测定　/93

实验 31　乳酸脱氢酶(LDH)同工酶的琼脂糖凝胶电泳　/97

实验 32　维生素 C 的定量测定——2,6-二氯酚靛酚滴定法　/100

第三节　设计性实验　/102

实验 33　蛋白质的酶解及凝胶层析法测定多肽相对分子质量　/102

第四章　糖类　/105

第一节　基础性实验　/105

实验 34　3,5-二硝基水杨酸比色法测定还原糖　/105

实验 35　蒽酮法测定可溶性总糖　/108

第二节　综合性实验　/111

实验 36　肌糖原的酵解作用　/111

第三节　设计性实验　/114

实验 37　酵母细胞壁多糖的制备　/114

第五章　脂类　/117

第一节　基础性实验　/117

实验 38　粗脂肪含量的测定(索氏抽提法)　/117

实验 39　酸值的测定　/119

实验 40　卵磷脂的制备和脂肪碘值的测定　/121

实验 41　丙二醛(MDA)含量的测定　/124

实验 42　薄膜层析法分离血清脂蛋白　/126

第二节　综合性实验　/128

实验 43　脂肪酸的β-氧化　/128

第三节　设计性实验　/130

实验 44　大豆品种的质量分析　/130

附录　常用缓冲液的配制　/133

参考文献　/138

生物化学实验安全

一、生物化学实验室安全

1. 身体欠佳者不应进入实验室进行实验。

2. 进入实验室时应着干净整洁的实验服，长发者应将头发束于脑后或实验帽内，不穿凉鞋、拖鞋。

3. 在实验室内不得奔跑、打闹、嬉戏及进食，以免产成安全隐患及健康隐患。

4. 熟悉实验室内水、电开关的分布，遇到紧急情况时应立刻关闭相应的开关。

5. 实验台上不放置与实验无关的物品，衣物、书包等杂物应远离实验台。

6. 在进行动物尸体解剖过程中，解剖前必须穿专用的防护性外衣或制服，面部应佩戴专门的保护装置，包括护目镜、口罩、个体呼吸保护用品等，最基本、最常用也是最重要的个体防护装置是手套，在解剖操作过程中必须戴手套，并且一定要确保手套完好。

7. 实验室分为公用区域和个人实验区域，实验室的任何东西都有它应该放置的地方，保持清洁，要哪里拿的放回哪里。

8. 离开实验室前将手洗净，检查水、电、窗等是否关闭。

二、生物化学实验常用设备安全

生物化学实验常用设备为离心机、水浴锅、分光光度计、电泳装置、核酸蛋白分析装置、烘箱等。

1. 实验室各种仪器的使用应遵守仪器操作流程，任何因个人操作不当而引起的仪器故障应主动承担责任，及时报告并联系检修。

2. 不可以用手触摸刚加热完的器皿。

3. 离心机：离心机应放置在坚固平稳的工作台上；离心前加样量不能超过离心管容积的2/3；离心样品应对称放置；启动离心机前，应盖上离心机顶盖后慢慢启动；离心期间，实验者不得离开去做别的事；离心结束后，先关闭离心机，在离心机停止转动后，方可打开离心机顶盖，取出样品，不可用外力强制其停止运动。

4. 水浴锅：水浴锅放平稳；注入清水，水位必须高于不锈钢隔板，切勿无水或水位低于隔板加热，否则会损坏加热管；未加水或加水不够切勿打开电源；保持水质清澈干净。

5. 分光光度计：放置在坚固平稳的工作台上；预热 20 min；调节 T 100%及 0%；样品量不超过比色杯容积的 3/4 或 4/5，用吸水纸将比色杯外壁擦洗干净后放入样品池；测试完毕关闭电源，取出比色杯清洗、晾干，放入盒中，样品池用吸水纸擦净。

6. 电泳装置：包括电泳槽、电泳仪。放置在坚固平稳的工作台上；在电泳槽中加入缓冲溶液及样品;检查电泳仪电源开关调至关的位置,电压旋钮转到最小;正确连接电泳槽与电泳仪的输出输入端;接通电源,缓缓旋转电压调节钮直到达到所需的电压为止,根据工作需要选择稳压稳流方式及电压电流范围;电泳仪通电进入工作状态后,禁止人体接触电极、电泳物及其他可能带电部分,也不能在电泳槽内取放东西;仪器通电后,不要临时增加或拔出输出导线插头,以防短路现象发生,虽然仪器内部设有保险丝,但短路现象仍有可能导致仪器损坏;电泳完毕后,应将各旋钮、开关旋至零位或关闭状态,并拔出电源插头。

7. 核酸蛋白分析装置:核酸蛋白分析装置包括层析柱、蠕动泵、核酸蛋白分析仪、自动收集器。放置在坚固平稳的工作台上,配套仪器通过软管连在一起;打开分析仪电源,预热20 min;将分离介质装入层析柱,注意不要出现气泡,样品加在液面下、介质上;调整蠕动泵转速及方向;调整分析仪"灵敏度",选择测试波长;根据蠕动泵转速调整自动收集器转动时间;测试结束,关闭各仪器电源,清洗层析柱并干燥,蠕动泵与分析仪连在一起,先用蒸馏水清洗分析仪通路,再通过空气干燥分析仪通路,然后关闭电源。

8. 烘箱:运行前必须留意所用电源电压能否符合;在通电运行时,切勿用手触及箱体左侧空间的电器局部或用湿布揩抹、用水冲洗;检验时应将电源切断;箱内物品切勿放置过挤,必须留出空气天然对流的空间,使湿润空气能从顶上减速逸出。

三、生物化学实验试剂安全

生物化学实验中,很多试剂为易燃、易爆、有毒或有腐蚀性的危险品,必须高度重视试剂安全。

1. 了解化学药品的警示标志,实验过程中保持台面整洁,试剂瓶盖随开随盖,不得混淆。

2. 凡属产生烟或产生有毒气体的实验,均应在通风橱内进行,以免对人体造成危害。

3. 实验过程中,使用的乙醇、丙酮、乙醚等易燃试剂时,需远离火源放置和操作。

4. 实验过程中,使用溴化乙锭、丙烯酰胺、过硫酸铵、考马斯亮蓝、氯仿、十二烷基磺酸钠、溴酚蓝等试剂时,应戴手套、口罩,在通风橱操作。

5. 从试剂瓶内取出的试剂,不可再倒回瓶内。

6. 实验完成后,对于沉淀物或其他混合物,如含有毒、有害或贵重药品,不可随意丢弃,必须放入专门的容器,最后由实验主管部门统一回收处理;对于废液,特别是强酸、强碱,不能直接倒入水槽中,必须倒入专门的废液桶。

第一章 蛋白质

第一节 基础性实验

实验1 纸层析法分离鉴定氨基酸

1. 实验目的

(1) 学习纸层析法的基本原理。

(2) 掌握纸层析法的操作技术。

(3) 了解分配层析法及影响分配系数的因素。

2. 实验原理

纸层析法(paper chromatography)是分离、鉴定氨基酸混合物的常用生物化学实验技术，可用于氨基酸组分的定性鉴定和定量测定，它也是定性或定量测定蛋白质、多肽、核酸碱基、糖、有机酸、维生素、抗生素等物质的一种分离分析工具。纸层析法是用滤纸作为惰性支持物的分配层析法，其中滤纸纤维素上吸附的水是固定相，展层用的有机溶剂是流动相。在层析时，将样品点在距滤纸一端 2～3 cm 的某一处，该点称为原点；然后在密闭容器中层析溶剂沿滤纸的一个方向进行展层，这样混合氨基酸在两相中不断分配，由于分配系数(K_d)不同，它们在滤纸上的分布位置不同。物质被分离后在纸层析图谱上的位置可用比移值(rate of flow，R_f)来表示。R_f 是指在纸层析中，从原点至氨基酸停留点(又称为层析点)中心的距离(X)与原点至溶剂前沿的距离(Y)的比值，即

$$R_f = \frac{\text{原点至层析点中心的距离}}{\text{原点至溶剂前沿的距离}} = \frac{X}{Y}$$

在一定条件下某种物质的 R_f 值是常数。R_f 值的大小与物质的结构、性质、溶剂系统、温度、湿度、层析滤纸的型号和质量等因素有关。

3. 试剂与器材

1) 试剂

(1) 扩展剂(水饱和的正丁醇和乙酸混合液)：将正丁醇和乙酸以体积比 4∶1 在分液漏斗中进行混合，所得混合液再按体积比 5∶3 与蒸馏水混合；充分振荡，静置后分层，放出下层水层，漏斗内即为扩展剂。

(2) 氨基酸溶液：赖氨酸、脯氨酸、亮氨酸的溶液(0.5%)，以及它们的混合液(各组分均为

0.5%)。

(3) 显色剂:0.1%水合茚三酮正丁醇溶液。

2) 器材

层析缸、点样毛细管、小烧杯、培养皿、量筒、喷雾器、吹风机(或烘箱)、层析滤纸(新华一号)、直尺及铅笔。

4. 实验步骤

1) 准备滤纸

取层析滤纸(长 22 cm、宽 14 cm)一张,在纸的一端距边缘 2~3 cm 处用铅笔画一条直线,在此直线上每间隔 3 cm 做一记号(共 4 个),如图 1-1 所示。

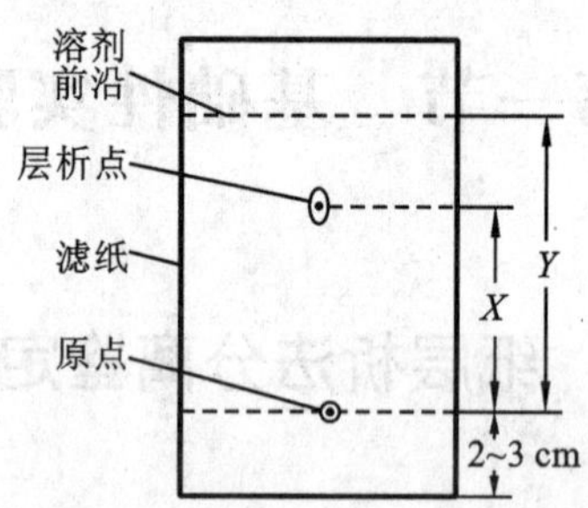

图 1-1 纸层析点样和展层示意图

2) 点样

用毛细管将各氨基酸样品分别点在这 4 个记号位置上,干后重复点样 2~3 次。每点在纸上扩散的直径不超过 3 mm。

3) 扩展

用线将滤纸缝成筒状,纸的两边不能相接触。将盛有约 20.0 mL 扩展剂的培养皿迅速置于密闭且已达到溶剂系统蒸气饱和的层析缸中,并将滤纸直立于培养皿中(点样的一端在下,扩展剂的液面需低于点样线 1 cm)。待溶剂上升 15~20 cm 时取出滤纸,用铅笔描出溶剂前沿界线,自然干燥或用吹风机热风吹干。

4) 显色

用喷雾器均匀喷上 0.1%水合茚三酮正丁醇溶液,然后用吹风机热风吹干或置于烘箱(100 ℃)中烘烤 5 min,即可显出各层析斑点。

5) 计算

计算各种氨基酸的 R_f 值。

6) 废弃物处理

废液倒入废液桶。

5. 要点提示

(1) 取滤纸前要将手洗净,并尽可能少接触滤纸,因为手上的汗渍会污染滤纸;如条件许可,也可戴上一次性手套拿取滤纸。要将滤纸平放在洁净的纸上,不可放在实验台上,以防污染。

(2) 点样时样点的直径不能大于 0.3 cm,否则分离效果不好,并且样品用量大会造成“拖尾”现象。

(3) 展层开始时切勿使样点浸入溶剂中。

6. 思维拓展

影响 R_f 值的主要因素是什么？

实验 2 微量凯氏(micro-Kjeldahl)定氮法测定蛋白质含量

1. 实验目的

(1) 学习微量凯氏定氮法测定蛋白质含量的原理。

(2) 了解凯氏定氮仪的结构。

(3) 掌握微量凯氏定氮法测定蛋白质含量的操作技术。

2. 实验原理

蛋白质(或其他含氮有机化合物)与浓 H_2SO_4 共热时，其中碳、氢两种元素被氧化成 CO_2 和 H_2O，而氮元素转变成 NH_3，并进一步与 H_2SO_4 反应生成 $(NH_4)_2SO_4$，残留于消化液中，该过程通常称为"消化"。以甘氨酸为例：

$$NH_2CH_2COOH+3H_2SO_4 \longrightarrow 2CO_2+3SO_2+4H_2O+NH_3$$

$$2NH_3+H_2SO_4 \longrightarrow (NH_4)_2SO_4$$

但是，该反应进行得很慢，消化时间较长，通常需加入 K_2SO_4 或 Na_2SO_4 以提高反应液的沸点，并加入 $CuSO_4$ 作为催化剂，以加速反应的进行；氧化剂 H_2O_2 也能加速反应。

消化完毕，加入过量浓碱(如 NaOH)使消化液中的 $(NH_4)_2SO_4$ 分解放出 NH_3，以蒸馏法借水蒸气蒸出 NH_3，用一定量、一定浓度的 H_3BO_3 溶液吸收。NH_3 与酸溶液中 H^+ 结合成 NH_4^+，使溶液中的 H^+ 浓度降低，然后用标准强酸(如 HCl 溶液)滴定，至恢复溶液中原来的 H^+ 浓度为止。

$$(NH_4)_2SO_4+2NaOH \longrightarrow Na_2SO_4+2NH_3 \cdot H_2O$$

$$NH_3 \cdot H_2O \longrightarrow NH_3+H_2O$$

$$3NH_3+H_3BO_3 \longrightarrow 3NH_4^+ +BO_3^{3-}$$

$$BO_3^{3-} +3H^+ \longrightarrow H_3BO_3$$

最后根据所用标准 HCl 溶液的量计算出样品中的含氮量。蛋白质的含氮量平均为 16%，所以将测得的蛋白质的含氮量乘蛋白质系数 6.25(即每含氮 1 g，就表示该物质含蛋白质6.25 g)，即可计算出蛋白质的含量。

3. 试剂与器材

1) 试剂

(1) 消化液：30% H_2O_2、浓 H_2SO_4、H_2O 体积比为 3∶2∶1。

(2) 30% NaOH 溶液。

(3) 2% H_3BO_3 溶液。

(4) 混合催化剂(粉末状 K_2SO_4-$CuSO_4$ 混合物)：K_2SO_4 与 $CuSO_4$ 以 3∶1 质量比充分研细混匀。

(5) 0.01 mol/L 标准 HCl 溶液。

(6) 混合指示剂(田氏指氏剂)：取 0.1%甲烯蓝(亚甲蓝)-无水乙醇溶液 50.0 mL、0.1%甲基红-无水乙醇溶液 200.0 mL，混合，贮于棕色瓶中备用。该指示剂酸性时为紫红色，碱性时为绿色，变色范围很窄(pH 5.2～5.6)且很灵敏。

(7) 普通面粉或其他样品。

2) 器材

100 mL 凯氏烧瓶、改进型凯氏定氮仪、容量瓶(50 mL)、分析天平(电子天平)、烘箱、电炉、酒精灯、小玻璃珠、滴定管、洗瓶、锥形瓶、铁架台。

4. 实验步骤

1) 改进型凯氏定氮仪的构造和安装

改进型凯氏定氮仪由蒸汽发生器、反应室及冷凝器三部分组成。蒸馏装置的结构如图2-1所示,可分成三部分。

(1) 蒸汽发生器和反应室:蒸汽发生器有 3 个开口(图中 3、4、5),反应室有 1 个开口(图中 6)。

(2) 冷凝器和通气室:冷凝器有 2 个开口(图中 9、10),通气室有 2 个开口(图中 12、13)。

(3) 排水柱:排水柱有 3 个开口(图中 15、16、17)。

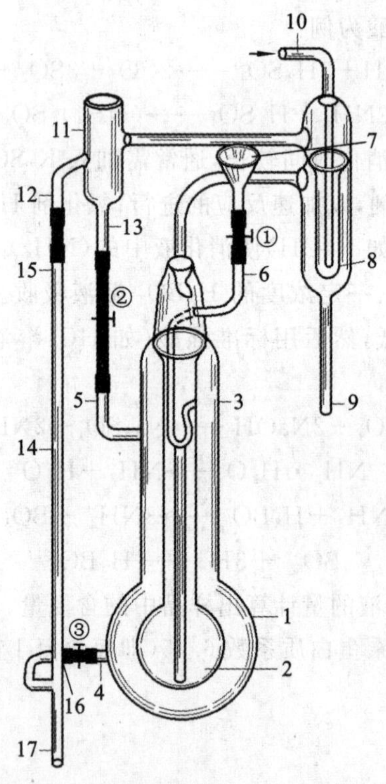

图 2-1 改进型凯氏定氮蒸馏装置

1.蒸汽发生器;2.反应室;3.蒸汽排出孔;4.排水排气孔;5.外源水入口;6.进样口;7.加样漏斗;8.冷凝器;9.冷凝器出口;10.自来水入口;11.通气室;12.通气室出口;13.通气室出口;14.排水柱;15.排水柱入口;16.排水柱入口;17.冷凝水和废水出口;①②③为自由夹

安装时,按图中的连接方式仔细安装在平稳的实验台上。先将主体部分固定在铁架台上,其底部放上电炉或酒精灯。然后将 12 与 15 用橡皮管连接。将 5 与 13、4 与 16、6 与 7 用橡皮管连接,并夹上自由夹。最后用长橡胶管分别连接进水口 10 和出水口 17。

2) 样品处理

样品若是液体,如血清、稀释蛋清等,可取一定体积直接消化测定。样品若是固体,一般是用 100.0 g(干重)该物质中所含氮的克数来表示(%),因此在消化前,应先将固体样品中的水分除掉。样品烘干的温度一般为 105 ℃,因为非游离的水不能在 100 ℃以下烘干。

取一定量磨细的样品放入已称重的称量瓶内,然后置于 105 ℃的烘箱内持续干燥 4 h。用坩埚钳将称量瓶取出放入干燥器内,待温度降至室温后称重。按上述操作继续烘干样品,每干燥 1 h 重复称量一次,直至两次称量数值不变,即达到恒重。精确称量已达恒重的面粉 0.1 g,作为本实验的样品。

3) 消化

(1) 编号。

取清洁、干燥 100 mL 凯氏烧瓶 4 个,标号后各加数粒玻璃珠。

(2) 加样。

在 1、2 号瓶中各加样品 0.1 g,混合催化剂 0.2 g,消化液 5.0 mL。注意加样品时应直接送入瓶底,而不要沾在瓶口和瓶颈上。在 3、4 号瓶中各加蒸馏水 0.1 mL 代替样品,其他试剂同样品瓶,作为对照,用以测定试剂中可能含有的微量含氮物质。

(3) 加热消化。

将凯氏烧瓶 45°倾斜放置,每个瓶口放一个漏斗,在通风橱内,于电炉上加热消化。开始消化时应以微火加热,烧瓶内物质炭化变黑,并产生大量泡沫,不要让液体冲到瓶颈或冲出瓶外,否则将严重影响测定结果。待瓶内水汽蒸完,泡沫消失并停止产生,H_2SO_4 开始分解并放出 SO_2 白烟后,适当加大火力,使瓶内液体微微沸腾而不致跳荡。继续消化,直至消化液呈透明淡绿色为止。在消化过程中要随时转动烧瓶,以使内壁黏着物质均能流入烧瓶底部,以保证样品完全消化。

(4) 定容。

消化完毕,静置,待烧瓶中液体冷却后,缓慢沿瓶壁加蒸馏水 10.0 mL,边加边摇。冷却后将瓶内液体倾入 50 mL 的容量瓶中,并以少量蒸馏水洗涤烧瓶数次,将洗液并入容量瓶中,并加水稀释到刻度,混匀备用。

4) 蒸馏

(1) 蒸馏器的洗涤。

接通冷凝水,打开自由夹②,先向蒸汽发生器中加入一定量的水(以排水管的高度为宜),并关闭自由夹②,用酒精灯将水烧开。

将蒸馏水从加样漏斗处加入反应室,关闭自由夹①,移开酒精灯片刻,可使反应室中的水自动吸出,如此反复清洗 3~5 次。

清洗后在冷凝管下端放一个盛有 2% H_3BO_3 溶液 5.0 mL 和混合指示剂 1~2 滴的锥形瓶。蒸馏数分钟后,观察锥形瓶内溶液是否变色,如不变色则表明蒸馏装置内部已洗涤干净。

(2) 蒸馏。

取 50 mL 锥形瓶 3 个,各加入 2% H_3BO_3 溶液 5.0 mL 和指示剂 1~2 滴,溶液呈淡紫色,用表面皿覆盖备用。

关闭冷凝水,打开自由夹②,使蒸汽发生器与大气相通。将上述已加试剂的锥形瓶放在冷凝器下面,并使冷凝器下端浸没在液体内。

用移液管取消化液 5.0 mL,打开自由夹①,仔细地从加样漏斗下端加入反应室,随后加入 30% NaOH 溶液 5.0 mL,关闭自由夹①;在加样漏斗中加少量水做水封,以防止气体从漏斗处逸出。

关闭自由夹②,打开冷凝水(注意不要过快过猛,以免水溢出)。当观察到锥形瓶中的溶液由紫色变绿色时(2～3 min),开始计时,蒸馏 3 min,移开锥形瓶,使冷凝器下端离开液面约 1 cm,同时用少量蒸馏水洗涤冷凝管口外侧,继续蒸馏 1 min,取下锥形瓶,用表面皿覆盖瓶口。

蒸馏完毕后,应立即清洗反应室,方法如前述。打开自由夹③,将水放出,再加热,再清洗,如此 3～5 次。最后将自由夹①、③同时打开,将蒸汽发生器内的废水全部换掉。关闭夹子,再使蒸汽通过整个装置数分钟后,继续下一次蒸馏。

待样品和空白消化液均蒸馏完毕,同时进行滴定。

5) 滴定

全部蒸馏完毕后,用 0.01 mol/L 标准 HCl 溶液滴定各锥形瓶中收集的 NH_3,滴定终点为 H_3BO_3 指示剂溶液由绿色变为淡紫色。

6) 计算

样品中总氮量可按下面的公式计算:

$$总氮量(质量分数)=\frac{c(V_1-V_2)\times 14}{m\times 1000}\times\frac{消化液总量(mL)}{测定时消化液用量(mL)}\times 100\%$$

式中:c——标准 HCl 溶液浓度(mol/L);

V_1——滴定样品用去的标准 HCl 溶液的平均体积(mL);

V_2——滴定空白消化液用去的标准 HCl 溶液的平均体积(mL);

m——样品质量(g);

14——氮的相对原子质量。

若测定的样品含氮部分只是蛋白质,则

样品中蛋白质含量(质量分数)=总氮量×6.25

若样品中除蛋白质外,尚含有其他含氮物质,则需向样品中加入三氯乙酸,然后测定未加三氯乙酸的样品及加入三氯乙酸后样品上清液中的含氮量,得出非蛋白氮及总氮量,从而计算出蛋白氮,再进一步算出蛋白质含量。

蛋白氮=总氮量-非蛋白氮

蛋白质含量(质量分数)=蛋白氮×6.25

7) 废弃物处理

废液倒入废液桶。

5. 要点提示

(1) 本实验时间较长,需要 8～10 学时。所以做本实验时,建议分 2 次完成。第 1 次完成步骤 3)消化,该步骤所需时间较长;第 2 次从步骤 4)蒸馏做起。

(2) 一般样品消化终点为溶液呈透明淡绿色或无色透明,若带有黄色表示消化不完全;另外,消化液的颜色也常因样品成分的不同而异。因此,每测一个新样品时,最好先实验一下需多少时间才能使样品中的有机氮全部变成无机氮,以后即以此时间为标准。本实验到消化液呈透明淡绿色时即消化完全,消化时间过长,会引起 NH_3 的损失,同样影响测定结果。

(3) 如果蛋白质样品中含赖氨酸或组氨酸(如蚕蛹蛋白质)较多,则消化时间要延长 1～2 倍;为了缩短消化时间,可在催化剂中再加少量 $HgCl_2$(约 0.032 g/g(催化剂)),则赖氨酸中的氮 4～5 h 可消化完全,组氨酸约需 8 h 才能消化完全。

(4) 蒸馏 NH_3 时,为了使所有 $(NH_4)_2SO_4$ 分解放出 NH_3,必须加入足量的 30% NaOH 溶液。加入时应缓慢,加入 NaOH 后,有 $[Cu(NH_3)_2]^{2+}$、$Cu(OH)_2$ 或 CuO 等生成,溶液呈蓝

色或褐色，并有胶状沉淀产生，这是正常现象；如果颜色不变，说明碱液可能不够。

(5) 定氮仪各连接处应使玻璃对准玻璃后外套橡皮管，绝对不能漏气；所有橡皮管、塞须经预处理(预处理方法：浸在 10% NaOH 溶液中煮约 10 min，水洗，水煮 10 min，再水洗数次)；蒸馏过程中切忌火力不稳，否则将发生倒吸现象。

6. 思维拓展

(1) 为什么称微量凯氏定氮法测出的蛋白质含量为粗蛋白含量?

(2) 消化过程中加入粉末状 K_2SO_4-$CuSO_4$ 混合物的作用是什么?

实验 3　Folin-酚试剂法(Lowry 法)测定蛋白质含量

1. 实验目的

(1) 掌握 Folin-酚试剂法定量测定蛋白质的原理与方法。

(2) 学习分光光度计的使用方法。

2. 实验原理

用于蛋白质测定的 Folin-酚试剂反应是双缩脲方法的发展。该法所用试剂由两部分组成：碱性铜试剂相当于双缩脲试剂，Folin 试剂含有磷钨酸和磷钼酸。在碱性条件下，蛋白质与铜作用生成蛋白质-铜配合物，该配合物可将磷钨酸-磷钼酸还原成深蓝色混合物(钼蓝和钨蓝)。在一定蛋白质浓度范围内(25～500 μg/mL)，其颜色深浅与蛋白质含量成正比，因此可通过比色法定量测定蛋白质含量。

此法操作简便，灵敏度比双缩脲法高 100 倍，是测定蛋白质浓度应用较广泛的方法之一，并适用于酪氨酸和色氨酸的定量测定。但 Folin-酚试剂反应是由酪氨酸和色氨酸的还原性基团(酚基、吲哚基)引起的，因此样品中含有的酚类、柠檬酸、Tris、蔗糖、$(NH_4)_2SO_4$、巯基化合物等对测定均有干扰。此外，由于各种蛋白质中酪氨酸和色氨酸的含量各不相同，故在测定时需使用同种蛋白质做标准。

3. 试剂与器材

1) 试剂

(1) 蛋白质标准溶液：准确称取经微量凯氏定氮法校正的结晶牛血清蛋白，配制成 250 μg/mL 的标准溶液。

(2) 碱性铜试剂：称取 NaOH 10.0 g、Na_2CO_3 50.0 g 溶于 400.0 mL 蒸馏水中；另称取 $CuSO_4$ 0.25 g、酒石酸钾钠 0.5 g，溶于 80.0 mL 蒸馏水中。以上两者混合，定容至 500.0 mL(当天使用)。

(3) Folin 试剂：在 2 L 回流装置(磨口)内加入 $Na_2WO_4 \cdot 2H_2O$ 100.0 g、$Na_2MoO_4 \cdot 2H_2O$ 25.0 g、蒸馏水 700.0 mL、85% H_3PO_4 50.0 mL、浓盐酸 100.0 mL，充分混合后，小火回流 10 h，再加入 Li_2SO_4 150.0 g、蒸馏水 50.0 mL 及数滴液体溴，开口维持沸腾 15 min。冷却后转入 1000 mL 容量瓶中，定容。过滤，滤液保存于棕色瓶中。此为 Folin 试剂储备液。可在冰箱中长期保存。

使用时取 Folin 试剂储备液，以酚酞为指示剂，用标准 NaOH 溶液滴定，计算储备液浓度，而后适当稀释，使最后酸浓度为 1 mol/L。此为 Folin 试剂工作液。

(4) 卵清蛋白待测液(或人血清蛋白待测液)。

2）器材

可见光分光光度计、移液枪、刻度吸管、试管。

4. 实验步骤

1）标准曲线法

(1) 标准曲线的制作。

取试管 6 支，按表 3-1 操作。

表 3-1　制作标准曲线

	试管号					
	1	2	3	4	5	6
250 μg/mL 标准蛋白质溶液体积/mL	0	0.2	0.4	0.6	0.8	1.0
蒸馏水体积/mL	1.0	0.8	0.6	0.4	0.2	0
碱性铜试剂体积/mL	5.0	5.0	5.0	5.0	5.0	5.0
			混匀，室温放置 10 min			
Folin 试剂体积/mL	0.5	0.5	0.5	0.5	0.5	0.5
			混匀，室温放置 30 min			
A_{500}	调零					

以 A_{500} 为纵坐标，标准蛋白质含量为横坐标，绘制标准曲线。

(2) 样品蛋白质含量的测定。

取试管 4 支，按表 3-2 操作。

表 3-2　样品测定

	试管号			
	1	2	3	4
卵清蛋白待测液体积/mL	—	1.0	1.0	1.0
蒸馏水体积/mL	1.0	—	—	—
碱性铜试剂体积/mL	5.0	5.0	5.0	5.0
		混匀，室温放置 10 min		
Folin 试剂体积/mL	0.5	0.5	0.5	0.5
		混匀，室温放置 30 min		
A_{500}	调零			

根据所测定的 A_{500} 值，在标准曲线上查出其相当于标准蛋白质的量，计算 3 个平行样品中蛋白质浓度的平均值。

2）标准比较法(或称标准管法)

(1) 取试管 3 支，按表 3-3 操作。

表 3-3　标准管法

	标准管(S)	测定管(U)	对照管(B)
250 μg/mL 标准蛋白质溶液体积/mL	0.4	—	—
蒸馏水体积/mL	0.6	—	1.0

续表

	标准管(S)	测定管(U)	对照管(B)
卵清蛋白待测液体积/mL	—	1.0	—
碱性铜试剂体积/mL	5.0	5.0	5.0
		混匀,室温放置 10 min	
Folin 试剂体积/mL	0.5	0.5	0.5
		混匀,室温放置 30 min	
A_{500}			调零

(2) 计算:

$$卵清蛋白待测液蛋白质浓度=(A_U/A_S)\times 100\ \mu g/mL$$

3) 废弃物处理

废液倒入废液桶。

5. 要点提示

Folin-酚试剂法是在双缩脲反应基础上发展起来的蛋白质测定方法,因此凡双缩脲反应呈阳性的物质或基团($O{=}\overset{|}{C}{-}NH_2$、$-CH_2-NH_2$、$S{=}\overset{|}{C}{-}NH_2$)均对此法有干扰。此外,蛋白质样品中如有柠檬酸、酚类物质对此法也有干扰。

6. 思维拓展

(1) Folin-酚试剂法测定蛋白质含量的原理是什么?该法有哪些优缺点?

(2) 测定卵清蛋白或人血清蛋白用什么蛋白质作为标准蛋白质为好?

实验 4　考马斯亮蓝染色法(Bradford 法)测定蛋白质含量

1. 实验目的

(1) 掌握考马斯亮蓝染色法定量测定蛋白质含量的原理与方法。

(2) 熟悉掌握分光光度计的使用方法。

2. 实验原理

考马斯亮蓝 G_{250} 测定蛋白质含量属于染料结合法的一种。考马斯亮蓝 G_{250} 在酸性溶液中呈棕红色,最大吸收峰在 465 nm 波长处;当它与蛋白质通过范德华力结合成复合物时变为蓝色,其最大吸收峰移至 595 nm 波长处,而且吸光系数更大。在一定蛋白质浓度范围(1~1000 μg/mL)内,蛋白质-染料复合物在 595 nm 波长处的吸光度值与蛋白质含量成正比,故可用于蛋白质的定量测定。

考马斯亮蓝染色法的突出优点:①灵敏度高:据估计,本法比 Folin-酚试剂法的灵敏度高 4 倍,其最低蛋白质检出量可达 1 μg。这是因为蛋白质与染料结合后产生的颜色变化很大,复合物有更高的吸光系数,因而吸光度随蛋白质浓度的变化比 Folin-酚试剂法要大得多;②测定简便、快速:完成一个样品的测定只需加一种试剂,且只需要 5 min 左右。由于蛋白质与染料结合十分迅速,约 2 min 即可完成反应,复合物在室温下 1 h 内保持稳定,且在 5~20 min 内颜色的稳定性最好,因而完全不用像 Folin-酚试剂法那样费时,并严格控制时间;③干扰物质少:如干扰 Folin-酚试剂法的 K^+、Na^+、Mg^{2+}、Tris、蔗糖、甘油、巯基乙醇、EDTA 等均不干扰此法的测定。

考马斯亮蓝染色法的缺点:①不同蛋白质中的精氨酸和芳香族氨基酸的含量不同,因此该法用于不同蛋白质含量测定时有较大的偏差,在制作标准曲线时通常选择 γ-球蛋白为标准蛋白质,以降低这方面的偏差;②仍有一些物质干扰此法的测定,如去污剂 Triton X-100、十二烷基硫酸钠(SDS)和 0.1 mol/L NaOH 溶液等;③标准曲线也有轻微的非线性,因而不能用比尔-朗伯定律进行计算,而只能用标准曲线来测定未知蛋白质的浓度。

3. 试剂与器材

1) 试剂

(1) 生理盐水。

(2) 考马斯亮蓝试剂:称取考马斯亮蓝 G_{250} 100.0 mg,加 95%乙醇 50.0 mL,溶解后加入 85% H_3PO_4 100.0 mL,加蒸馏水稀释定容至 1000 mL,保存于棕色瓶中。

(3) 蛋白质标准溶液:准确称取经微量凯氏定量法校正的结晶牛血清蛋白,配制成 1000 μg/mL 的标准溶液。

(4) 新鲜小麦叶片或绿豆芽下胚轴等。

2) 器材

可见光分光光度计、刻度吸管、移液枪、容量瓶(10 mL、1000 mL)。

4. 实验步骤

1) 标准曲线法

(1) 标准曲线的制作。

取试管 6 支,按表 4-1 操作。

表 4-1 制作标准曲线

	试管号					
	1	2	3	4	5	6
1000 μg/mL 标准蛋白质溶液体积/mL	0	0.2	0.4	0.6	0.8	1.0
生理盐水体积/mL	1.0	0.8	0.6	0.4	0.2	0
蛋白质含量/(μg/mL)	0	200	400	600	800	1000

另取试管 6 支,准确吸取所配各管蛋白质溶液 0.1 mL,然后加入 5.0 mL 考马斯亮蓝 G_{250} 试剂,充分振荡混合,放置 5 min 后,于 595 nm 波长处测定吸光度(以 1 号试管为空白对照)。以 A_{595} 为纵坐标,标准蛋白质含量为横坐标,绘制标准曲线。

(2) 样品提取液中蛋白质含量的测定。

准确称取小麦叶片(或绿豆芽下胚轴)约 200.0 mg,加入蒸馏水 5.0 mL,于研钵中研成匀浆,转移至离心管中,4000 r/min 离心 10 min,将上清液倒入 10 mL 容量瓶中,残渣以 2.0 mL 蒸馏水悬浮后,4000 r/min 再离心 10 min,合并上清液,定容至刻度。

取 3 支试管,各吸取上述样品提取液 0.1 mL,分别加入考马斯亮蓝 G_{250} 试剂 5.0 mL,充分振荡混合,放置 5 min 后,以制作标准曲线的 1 号试管为空白对照,于 595 nm 波长处测定吸光度。根据所测定的 A_{595} 值,在标准曲线上查出其相当于标准蛋白质的含量,取 3 个重复样品中蛋白质含量的平均值。

(3) 结果计算:

$$\text{样品中蛋白质含量}(\mu g/g(\text{鲜重}))=\frac{a(\mu g)\times\text{提取液总体积}(mL)}{\text{测定所取提取液体积}(mL)\times\text{样品鲜重}(g)}$$

式中：a——从标准曲线上查得的蛋白质含量。

2）标准比较法（或称标准管法）

取试管 3 支，按表 4-2 操作。

表 4-2 标准管法

	待测管(U)	标准管(S)	对照管(B)
样品提取液体积/mL	0.1	—	—
标准蛋白质溶液体积/mL	—	0.1	—
生理盐水体积/mL	—	—	0.1
考马斯亮蓝试剂体积/mL	5.0	5.0	5.0
		放置 5 min	
A_{595}			调零

$$样品提取液中蛋白质含量\ a=(A_U/A_S)\times 100\ \mu g$$

样品中蛋白质含量（μg/g（鲜重））的计算方法同标准曲线法“结果计算”。

3）废弃物处理

废液倒入废液桶。

5. 要点提示

（1）研究表明，NaCl、KCl、$MgCl_2$、$(NH_4)_2SO_4$、乙醇等物质对测定无影响，而大量的去污剂（如 Triton X-100、SDS）严重干扰测定，少量的去污剂及 Tris、乙酸、β-巯基乙醇、蔗糖、甘油、EDTA 有少量颜色干扰，可很容易地通过用适当的溶液对照而消除。同时注意，比色应在显色 2～60 min 内完成；如果测定很严格，可以在试剂加入后的 5～20 min 内测定吸光度，因为在这段时间内颜色最稳定。

（2）测定那些与标准蛋白质氨基酸组成有较大差异的蛋白质时，有一定误差，因为不同的蛋白质与染料结合量是不同的，故该法适合测定与标准蛋白质氨基酸组成相似的蛋白质。

（3）待测液中蛋白质含量不可太高，应控制在 100～800 μg/mL。否则，应用生理盐水稀释。

6. 思维拓展

（1）考马斯亮蓝染色法测定蛋白质含量的原理是什么？应如何克服不利因素对测定的影响？

（2）为什么标准蛋白质必须用微量凯氏定氮法测定纯度？

实验 5 BCA 法测定蛋白质的含量

1. 实验目的

（1）学习 BCA 法定量测定蛋白质含量的原理与方法。

（2）熟练掌握分光光度计的使用方法。

2. 实验原理

BCA（bicinchoninic acid，二喹啉甲酸）是对 Cu^+ 敏感、稳定、高特异活性的试剂，由试剂 A

(碱性混合物)与试剂 B($CuSO_4$)组成,混合后呈现苹果绿色。

在碱性条件下,蛋白质将 Cu^{2+} 还原成 Cu^{+},1 个 Cu^{+} 与 2 个 BCA 分子形成稳定的紫色复合物(图 5-1)。该水溶性的复合物在 562 nm 波长处有最大吸收峰。在一定蛋白质浓度范围(20～1200 μg/mL)内,紫色复合物在 562 nm 波长处的吸光度值与蛋白质含量成正比,因此,可以根据吸光度值计算蛋白质含量。

$$蛋白质 + Cu^{2+} \xrightarrow{OH^-} Cu^{+}$$

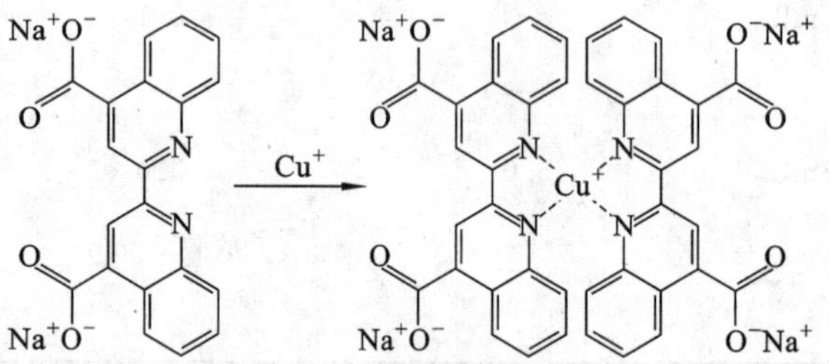

图 5-1　BCA 法的反应机理

BCA 法是 Paul K. Smith 等人于 1985 年建立的一种 Folin-酚试剂改进法。与 Folin-酚试剂法相比,BCA 法测定蛋白质含量时操作简单,灵敏度高,试剂及其形成的紫色复合物十分稳定,并且受干扰物质影响小。与考马斯亮蓝染色法相比,BCA 法的显著优点是不受去污剂(如 Triton X-100、SDS)的影响。

BCA 法除试管外,也可购买试剂盒在微板孔中进行测定,大大节约样品和试剂用量,经济实用。

3. 试剂与器材

1) 试剂

(1) BCA 工作试剂。

试剂 A:1% BCA 二钠盐,2%无水碳酸钠,0.16%酒石酸钠,0.4% NaOH,0.95%碳酸氢钠。即将 BCA-Na_2 1.0 g、Na_2CO_3 2.0 g、酒石酸钠 0.16 g、NaOH 0.4 g、$NaHCO_3$ 0.95 g 溶于 100 mL 蒸馏水中。混合后用 NaOH 溶液调 pH 值至 11.25。

试剂 B:4% $CuSO_4$ 溶液。即将 1.0 g $CuSO_4$ 溶于 25 mL 蒸馏水中。

BCA 工作试剂:将 100 倍体积试剂 A 与 2 倍体积试剂 B 混合(50∶1)。

(2) 蛋白质标准溶液:准确称取经微量凯氏定量法测定的结晶牛血清蛋白,配制成 1000 μg/mL 蛋白质标准溶液。

(3) 待测样品:牛奶或植物材料提取液。

2) 器材

移液枪和吸头、试管和试管架、离心管、容量瓶、1 cm 玻璃比色杯、电子天平、恒温水浴箱、分光光度计、离心机。

4. 实验步骤

1) 标准曲线的制作

(1) 取干净的试管 12 支,分为 2 组,编号,按表 5-1 操作。

表 5-1 制作标准曲线

		试管号					
		1	2	3	4	5	6
标准蛋白质溶液体积/mL		0	0.2	0.4	0.6	0.8	1.0
蒸馏水体积/mL		1.0	0.8	0.6	0.4	0.2	0
BCA 工作试剂体积/mL		3.0	3.0	3.0	3.0	3.0	3.0
蛋白质含量/mg		0	0.2	0.4	0.6	0.8	1.0
		37 ℃下保温 60 min					
A_{562}	第 1 组	调零					
	第 2 组	调零					
A_{562}平均值		0					

(2) 选用光程为 1 cm 的玻璃比色杯，以 1 号试管为空白对照，在 562 nm 波长处分别测定各管溶液的吸光度值(A_{562})。以标准蛋白质含量(mg)为横坐标，A_{562}为纵坐标，绘制标准曲线。

2) 样品蛋白质含量的测定

取干净的试管 4 支，按表 5-2 操作，测定样品的 A_{562}。从标准曲线上查出待测样品中蛋白质的含量，并进一步计算样品中蛋白质含量的平均值。

表 5-2 样品测定

	试管号			
	1	2	3	4
样品溶液体积/mL	0	0.5	0.5	0.5
蒸馏水体积/mL	1.0	0.5	0.5	0.5
BCA 工作试剂体积/mL	3.0	3.0	3.0	3.0
	37 ℃下保温 60 min			
A_{562}	调零			

3) 废弃物处理

废液倒入废液桶。

5. 要点提示

(1) 测定时，一般吸光度的读数应在 0.1～0.8 范围内，超出此范围时应适当调整待测液的稀释倍数，否则会有误差。

(2) BCA 法测定蛋白质含量的主要影响因素是葡萄糖。

(3) 从植物材料中制备含蛋白质的样品提取液：准确称取绿豆芽下胚轴(或小麦叶片)0.5 g，加入蒸馏水 5.0 mL，于研钵中研成匀浆，转入离心管中，4000 r/min 离心 10 min，将上清液倒入 25 mL 容量瓶中，残渣以 2.0 mL 蒸馏水悬浮后，4000 r/min 再离心 10 min，合并上清液，定容至刻度，待测。

(4) 购买的 BCA 试剂盒应按照说明书操作。

6. 思维拓展

试比较 BCA 法与 Folin-酚试剂法的异同点。

实验 6　紫外分光光度法测定蛋白质的含量

1. 实验目的

(1) 掌握紫外分光光度法测定蛋白质含量的原理。

(2) 了解紫外分光光度计的工作原理、构造,并掌握其使用方法。

2. 实验原理

蛋白质分子中的酪氨酸(Tyr)、色氨酸(Trp)和苯丙氨酸(Phe)残基,存在共轭双键结构,具有吸收紫外光的性质,在280 nm波长处有吸收峰。在一定浓度范围内,蛋白质溶液在 280 nm 波长处的吸光度值(A_{280})与其浓度成正比,故可用于蛋白质的定量测定。

紫外分光光度法的优点是操作简便、快速、样品用量极少,且不需要任何反应,测定的样品可以回收,低浓度的盐类不干扰测定。因此,在蛋白质和酶的生化制备中被广泛应用。特别是在柱色谱法分离中,通过在 280 nm 波长处进行检测,来判断蛋白质吸附或洗脱情况。

不同蛋白质中所含酪氨酸、色氨酸的数量不同,因此紫外分光光度法测定蛋白质含量存在以下缺点:①当测定那些与标准蛋白质中酪氨酸、色氨酸含量差异较大的蛋白质时,有一定的误差,故测定时应选用同种蛋白质作为标准对照;②当样品中含有其他在 280 nm 波长处也有紫外吸收的物质(如核酸等)时,就会有较强的干扰,须予以校正。核酸虽然也吸收波长为 280 nm 的紫外光,但它对波长为 260 nm 的紫外光吸收更强。因此,分别测定 280 nm 和260 nm波长处的吸光度值,通过计算可适当消除核酸对测定蛋白质浓度的干扰作用。因为不同的蛋白质和核酸的紫外吸收是不同的,所以即使经过校正,测定结果还是存在着一定的误差,但可作为初步定量的依据。

3. 试剂与器材

1) 试剂

(1) 标准蛋白质溶液(牛血清蛋白溶液):准确称取经微量凯氏定氮法校正的结晶牛血清蛋白,配制成浓度为 1 mg/mL 的溶液。

(2) 待测蛋白质溶液:配制成浓度约为 1 mg/mL 的溶液。

2) 器材

石英比色杯、刻度吸管(或移液枪、吸头)、试管、试管架、紫外分光光度计。

4. 实验步骤

1) 标准曲线的制作

(1) 取干净的试管 9 支,按表 6-1 操作。

(2) 选用光程为 1 cm 的石英比色杯,以 1 号试管为空白对照,在 280 nm 波长处分别测定各管溶液的 A_{280}。以标准蛋白质浓度(mg/mL)为横坐标,A_{280} 为纵坐标,绘制标准曲线。

表 6-1　制作标准曲线

	试管号								
	1	2	3	4	5	6	7	8	9
标准蛋白质溶液体积/mL	0	0.5	1.0	1.5	2.0	2.5	3.0	3.5	4.0
蒸馏水体积/mL	4.0	3.5	3.0	2.5	2.0	1.5	1.0	0.5	0

续表

	试管号								
	1	2	3	4	5	6	7	8	9
蛋白质浓度/(mg/mL)	0	0.125	0.250	0.375	0.500	0.625	0.750	0.875	1.000
A_{280}	调零								

2）待测样品中蛋白质浓度的测定

取2支试管，分别准确量取待测蛋白质溶液1.0 mL，各加入蒸馏水3.0 mL，摇匀，按同样的方法测定样品的A_{280}。从标准曲线上查出待测蛋白质的浓度。

3）废弃物处理

废液倒入废液桶。

5. 要点提示

(1) 蛋白质的紫外吸收峰常因pH值的改变而有高低差异，故测定时待测液的pH值最好与标准蛋白质溶液的一致。

(2) 紫外吸收测定时必须使用石英比色杯。玻璃比色杯在紫外光区有较大吸光度。

(3) 测定时，一般吸光度读数应在0.1～0.8范围内，超出此范围时应适当调整溶液的稀释倍数，否则会有较大误差。

(4) 当样品中可能有核酸干扰测定时，分别测定待测液在280 nm和260 nm波长处的吸光度值(A_{280}、A_{260})，直接求出蛋白质的浓度。

$$蛋白质的浓度(mg/mL)=1.45A_{280}-0.74A_{260}$$

(5) 实验室里通常认为用1 cm的比色杯所测吸光度值为1.0时，蛋白质浓度约为1 mg/mL，这是非常不精确的。

6. 思维拓展

(1) 与其他测定蛋白质含量的方法比较，紫外分光光度法有什么优缺点？

(2) 如果待测样品中含有干扰测定的杂质，应如何校正实验结果？

(3) 使用紫外分光光度计时，当测完280 nm波长处的吸光度值后，将波长调到260 nm，是否需要用对照管重新校正“零点”？

实验7　蛋白质的性质(显色反应、等电点沉淀)

一、蛋白质的双缩脲反应

1. 实验目的

(1) 了解构成蛋白质的基本结构单位。

(2) 了解蛋白质和某些氨基酸的呈色反应原理。

2. 实验原理

尿素加热至180 ℃左右时，2分子尿素可放出1分子NH_3形成双缩脲。双缩脲在碱性环境中能与$CuSO_4$结合成紫红色的配合物，此即双缩脲反应。蛋白质或二肽以上的多肽分子中，含有多个与双缩脲结构相似的肽键，也有双缩脲反应，因此可用此法鉴定蛋白质的存在或测定其含量。

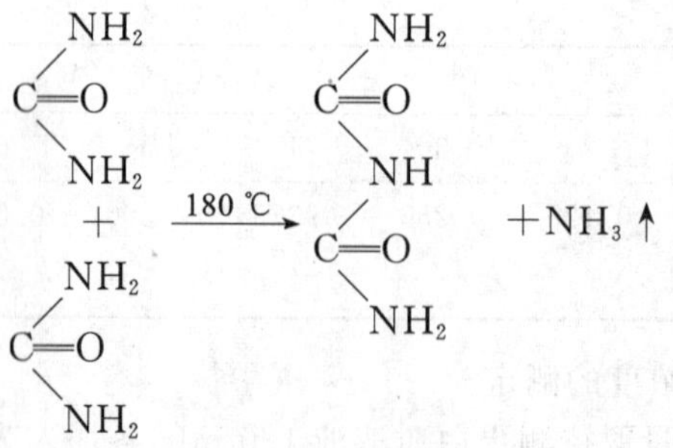

$$NH_2CONH_2 + NH_2CONH_2 \xrightarrow{180\ ^\circ C} NH_2CONHCONH_2 + NH_3\uparrow$$

紫红色铜双缩脲复合物分子结构式为

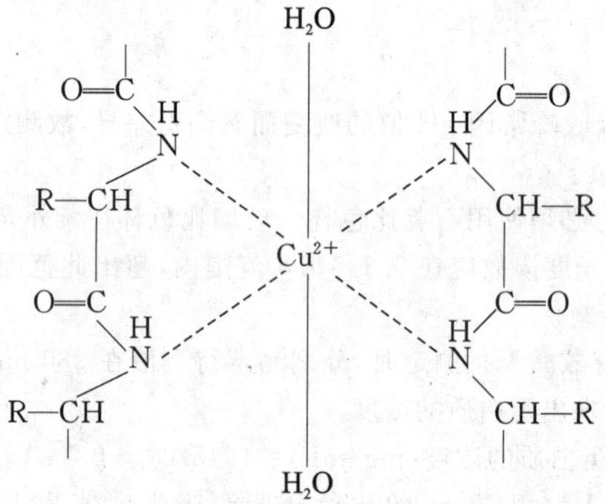

3. 试剂与器材

1) 试剂

(1) 尿素。

(2) 10% NaOH 溶液。

(3) 1% $CuSO_4$ 溶液。

(4) 2%卵清蛋白溶液。

2) 器材

试管、酒精灯、滴管等。

4. 实验步骤

(1) 取少量尿素结晶,加入干燥试管中。用微火加热使尿素熔化。熔化的尿素开始硬化时,停止加热,尿素放出 NH_3,形成双缩脲。

(2) 待冷却后加入 10% NaOH 溶液约 1.0 mL,振荡混匀。

(3) 再加 1% $CuSO_4$ 溶液 1 滴,观察颜色变化。

(4) 另取 1 支试管,加入卵清蛋白溶液 1.0 mL,再加入 10% NaOH 溶液约 2.0 mL,振荡摇匀,再加入 1% $CuSO_4$ 溶液 2 滴,振荡混匀,观察颜色变化。

5. 要点提示

避免添加过量 $CuSO_4$,若过量,生成的蓝色氢氧化铜可掩盖复合物的颜色。

6. 思维拓展

双缩脲反应中的干扰因素有哪些?

二、氨基酸的茚三酮反应

1. 实验目的

(1) 了解蛋白质和某些氨基酸的呈色反应原理。

(2) 学习常用的鉴定蛋白质和氨基酸的方法。

2. 实验原理

蛋白质、多肽和各种氨基酸都具有茚三酮反应。除无α-氨基的脯氨酸和羟脯氨酸生成黄色化合物外，其他氨基酸先生成紫红色化合物，最终为蓝色化合物。

除蛋白质、多肽和各种氨基酸能进行茚三酮反应外，NH_3、β-丙氨酸和许多一级胺化合物都有此反应。尿素、马尿酸、二酮吡嗪和肽键上的亚氨基不呈现此反应。因此，虽然蛋白质和氨基酸均具有茚三酮反应，但能与茚三酮呈阳性反应的不一定就是蛋白质或氨基酸。在定性、定量测定中，应严防干扰物存在。

该反应灵敏度达1∶1500000(pH值为5.0～7.0)，现已广泛地用于氨基酸的定量测定。此反应的适宜pH值为5.0～7.0，蓝色化合物在570 nm波长处有最大吸收峰，同一浓度的蛋白质或氨基酸在不同的pH值下的颜色深浅不同，酸度过大时甚至不显色。

茚三酮反应的第一步是氨基酸被氧化生成CO_2、NH_3和醛，水合茚三酮被还原成还原型茚三酮；第二步是还原型茚三酮与另一个水合茚三酮分子和NH_3缩合生成有色物质。

3. 试剂与器材

1) 试剂

(1) 2%卵清蛋白溶液或新鲜鸡蛋清溶液(鸡蛋清与水体积比为1∶9)。

(2) 0.5%甘氨酸溶液。

(3) 0.1%茚三酮水溶液。

(4) 0.1%茚三酮乙醇溶液。

2) 器材

试管、酒精灯、水浴锅、滴管等。

4. 实验步骤

(1) 取2支试管，分别加入2%卵清蛋白溶液(或新鲜鸡蛋清溶液)和0.5%甘氨酸溶液4滴，再加入0.1% 茚三酮水溶液2滴，混匀，在沸水浴中加热1～2 min，观察颜色变化，并比较蛋白质和氨基酸的呈色深浅。

(2) 在一小块滤纸上滴0.5%甘氨酸溶液1滴，风干后，再在原处滴0.1% 茚三酮乙醇溶液1滴，在微火旁烘干显色，观察紫红色斑点的出现。

5. 要点提示

能与茚三酮呈阳性反应的不一定就是蛋白质或氨基酸，在定性、定量测定中，应严防干扰物存在。

三、蛋白质的黄色反应

1. 实验目的

(1) 了解蛋白质的基本结构单位。

(2) 了解蛋白质和某些氨基酸的呈色反应原理。

(3) 学习常用的鉴定蛋白质和氨基酸的方法。

2. 实验原理

凡是含有苯基的化合物都可与浓硝酸发生硝化反应,生成黄色的硝基苯衍生物。芳香族氨基酸及含有酪氨酸和色氨酸的蛋白质分子具有此反应。苯丙氨酸很难反应,需加少量浓硫酸才有黄色出现。

蛋白质可被浓硝酸硝化生成黄色的硝基苯衍生物。该物质在酸性环境中呈黄色,在碱性环境中转变为橙黄色的邻硝醌酸钠。绝大多数蛋白质含有芳香族氨基酸,因此都有黄色反应。皮肤、毛发、指甲等遇浓硝酸变黄即是发生此类黄色反应的结果。

3. 试剂与器材

1) 试剂

(1) 鸡蛋清溶液:新鲜鸡蛋清与水按 1∶20(体积比)混匀,6 层纱布过滤备用。

(2) 大豆提取液:大豆充分浸泡后研磨成浆,再用纱布过滤备用。

(3) 头发。

(4) 指甲。

(5) 0.5%苯酚溶液。

(6) 浓硝酸。

(7) 0.3%色氨酸溶液。

(8) 0.3%酪氨酸溶液。

(9) 10% NaOH 溶液。

2) 器材

试管、酒精灯、研钵、纱布、滴管等。

4. 实验步骤

向 7 支试管中按表 7-1 加入材料和试剂,观察各管出现的现象,反应慢的可放置一会或用微火加热。各管出现黄色后,于室温下逐滴加入 10% NaOH 溶液至碱性,观察颜色变化。

表 7-1　蛋白质黄色反应

	试管号						
	1	2	3	4	5	6	7
材料	指甲	头发	鸡蛋清溶液	大豆提取液	0.5%苯酚溶液	0.3%色氨酸溶液	0.3%酪氨酸溶液
材料用量	少许	少许	4 滴	4 滴	4 滴	4 滴	4 滴
浓硝酸	40 滴	40 滴	2 滴	4 滴	4 滴	4 滴	4 滴
10%NaOH 溶液	逐滴加入至溶液呈碱性						
现象记录							
解释现象							

四、考马斯亮蓝反应

1. 实验目的

(1) 了解蛋白质和某些氨基酸的呈色反应原理。

(2) 学习常用的鉴定蛋白质和氨基酸的方法。

2. 实验原理

考马斯亮蓝 G_{250} 具有红色和蓝色 2 种颜色,酸性溶液中以游离态存在而呈棕红色,当其与蛋白质通过疏水作用结合后变为蓝色。

考马斯亮蓝染色法灵敏度较高，反应速率较快，在 2 min 左右达到平衡，室温下 1 h 内稳定。在 0.01～1.0 mg 蛋白质含量范围内，蛋白质浓度与 A_{595} 成正比，故此法常用来测定蛋白质的含量。

3. 试剂与器材

（1）鸡蛋清溶液：新鲜鸡蛋清与水按 1∶20（体积比）混匀，6 层纱布过滤备用。

（2）考马斯亮蓝染色液：考马斯亮蓝 G_{250} 100 g 溶于 95% 乙醇 50.0 mL 中，加 85% 磷酸 100.0 mL 混匀，配成原液。用时取原液 15.0 mL，加蒸馏水至 100.0 mL，用粗滤纸过滤后，最终浓度为 0.01%。

4. 实验步骤

取 2 支试管，按表 7-2 操作。

表 7-2　蛋白质考马斯亮蓝反应

	试管号	
	1	2
鸡蛋清溶液体积/mL	0	0.1
蒸馏水体积/mL	1.0	0.9
考马斯亮蓝染色液体积/mL	5.0	5.0
现象记录		

五、蛋白质的等电点测定

1. 实验目的

（1）了解蛋白质的两性解离性质。

（2）学习测定蛋白质等电点的方法。

2. 实验原理

蛋白质是两性电解质，蛋白质分子中可以解离的基团除末端 α-氨基与羧基外，还有肽链上氨基酸残基的侧链基团，如酚基、巯基、胍基、咪唑基等基团，它们能解离为带电基团，在蛋白质溶液中存在着下列平衡：

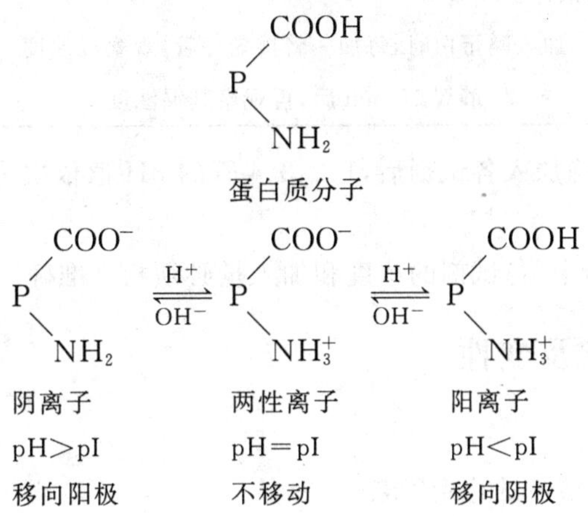

蛋白质和氨基酸一样是两性电解质,解离状态和解离程度受溶液的酸碱度影响。调节溶液的酸碱度达到一定的离子浓度时,蛋白质分子所带的正电荷和负电荷相等,以兼性离子状态存在,在电场内该蛋白质分子既不向阴极移动,也不向阳极移动,这时溶液的 pH 值称为该蛋白质的等电点(pI)。当溶液的 pH 值小于蛋白质等电点时,即在 H^+ 较多的条件下,蛋白质分子带正电荷成为阳离子;当溶液的 pH 值大于蛋白质等电点时,即在 OH^- 较多的条件下,蛋白质分子带负电荷成为阴离子。不同蛋白质有其特异的等电点,在等电点时,蛋白质的理化性质均有变化,可利用此种性质的变化测定各种蛋白质的等电点。本实验采用蛋白质在不同 pH 值溶液中形成的混浊度来确定其等电点,在等电点时蛋白质溶解度最小,最容易析出沉淀。

本实验观察在不同 pH 值溶液中的溶解度来测定酪蛋白的等电点,采用乙酸-乙酸钠缓冲液,加入酪蛋白后,沉淀出现最多的缓冲液的 pH 值就是酪蛋白的等电点。

3. 试剂与器材

1) 试剂

(1) 0.4%酪蛋白-乙酸钠溶液:取酪蛋白 0.4 g 加少量水在研钵中仔细研磨,所得蛋白质悬浮液移入 200.0 mL 锥形瓶内,温水(40～50 ℃)洗涤研钵,将洗涤液也移入锥形瓶内,加入 1 mol/L 乙酸钠溶液 10.0 mL,50 ℃水浴至酪蛋白完全溶解为止。将锥形瓶内溶液全部移至 100 mL 容量瓶内,定容、混匀。

(2) 乙酸溶液(1.00 mol/L、0.10 mol/L、0.01 mol/L)。

2) 器材

水浴锅、温度计、200 mL 锥形瓶、容量瓶(100 mL)、吸管、试管、研钵等。

4. 实验步骤

取同样规格的试管 4 支,按表 7-3 操作。

表 7-3 蛋白质等电点测定

	试管号			
	1	2	3	4
蒸馏水体积/mL	8.4	8.7	8.0	7.4
0.01 mol/L 乙酸溶液体积/mL	0.6	—	—	—
0.10 mol/L 乙酸溶液体积/mL	—	0.3	1.0	—
1.00 mol/L 乙酸溶液体积/mL	—	—	—	1.6
0.4%酪蛋白-乙酸钠溶液体积/mL	1.0	1.0	1.0	1.0
加入酪蛋白时,每加一管摇匀一管,观察混浊度				
静置 10 min 后,再观察其混浊度				

注意:按上述要求准确加入各试剂后,1、2、3、4 管的 pH 值依次为 5.9、5.3、4.7、3.5。

5. 要点提示

在等电点的测定实验中,各试剂的浓度和加入量必须相当准确。

六、蛋白质的沉淀及变性

1. 实验目的

(1) 认识蛋白质胶体溶液的稳定因素。

(2) 了解沉淀蛋白质的方法及意义。

(3) 了解蛋白质变性与沉淀的关系。

2. 实验原理

蛋白质分子由于形成水化层和双电层而成为稳定的胶体颗粒。但蛋白质胶体颗粒的稳定性是有条件的、相对的。在一定的物理化学因素影响下,蛋白质颗粒失去电荷、脱水,甚至变性而无法稳定存在,即以固态形式从溶液中析出,这种作用称为蛋白质的沉淀反应。

蛋白质的沉淀反应可分为以下 2 种类型:

1) 可逆的沉淀反应

在发生沉淀反应时,蛋白质虽沉淀析出,但其分子内部结构并未发生显著变化,除去引起沉淀的因素后,蛋白质沉淀仍能溶解于原来的溶剂中,并保持其天然性质而不变性,这种沉淀反应称为可逆的沉淀反应。属于此类反应的有盐析作用、低温下乙醇或丙酮对蛋白质的短时间作用,以及等电点沉淀等。

用大量中性盐使蛋白质从溶液中析出的过程称为蛋白质的盐析作用。蛋白质作为亲水胶体在高浓度中性盐的影响下,水化层被盐脱去,同时,蛋白质分子所带的电荷被中和,胶体的稳定性遭到破坏而沉淀析出。析出蛋白质仍可保持天然蛋白质的性质,降低盐的浓度,还可以溶解并恢复天然蛋白质的性质。沉淀不同的蛋白质所需盐的浓度、种类不同,在不同条件下,用不同浓度的盐类可将各种蛋白质从混合溶液中分别沉淀析出,即为蛋白质的分级盐析,此法被广泛应用于酶的生产和制备。

2) 不可逆的沉淀反应

当发生沉淀反应时,蛋白质的分子内部结构、空间构象发生重大改变,失去其天然蛋白质的性质,这时蛋白质已发生变性。变性后的蛋白质沉淀不能再溶解于原来的溶液中,这种沉淀反应称为不可逆的沉淀反应。重金属盐、生物碱试剂、过酸、过碱、加热、振荡、超声波、有机溶剂等都能使蛋白质发生不可逆的沉淀反应。

重金属盐类容易与蛋白质发生不可逆的沉淀反应。有机体内,蛋白质常以其可溶性的钠盐或钾盐存在,当加入汞、铅、铜、银等重金属盐时,蛋白质形成不溶性的盐类而沉淀,重金属盐类沉淀蛋白质的反应通常很完全。因此,在生化分析中,常用重金属盐除去体液中的蛋白质;临床上一般用蛋白质解除重金属盐食物性中毒。但过量的乙酸铅或硫酸铜可使沉淀的蛋白质再溶解。

蛋白质变性后,有时由于维持溶液稳定的条件依然存在而不析出。所以说变性的蛋白质并不总表现为沉淀,而沉淀的蛋白质也并不一定都已变性。

3. 试剂与器材

1) 试剂

(1) 蛋白质溶液:新鲜鸡蛋清溶液(鸡蛋清与水体积比为 1∶9)或 5%卵清蛋白溶液。

(2) pH 4.7 乙酸-乙酸钠缓冲液。

(3) 5%三氯乙酸溶液。

(4) 3%硝酸银溶液。

(5) 95%乙醇。

(6) $(NH_4)_2SO_4$ 饱和溶液。

(7) $(NH_4)_2SO_4$ 结晶粉末。

(8) 0.10 mol/L HCl 溶液。

(9) 0.10 mol/L NaOH 溶液。

(10) 0.05 mol/L Na_2CO_3 溶液。

(11) 0.10 mol/L 乙酸溶液。

(12) 甲基红溶液。

(13) 2%氯化钡溶液。

2) 器材

试管及试管架、酒精灯、玻璃漏斗、滤纸、移液管、滴管、恒温水浴装置等。

4. 实验步骤

(1) 取蛋白质溶液 5.0 mL 于 1 支洁净、干燥的试管中,加入等量的$(NH_4)_2SO_4$ 饱和溶液,混匀静置,观察球蛋白的沉淀。

(2) 倒出上述沉淀少许,加少量蒸馏水,观察沉淀是否溶解,并解释观察到的实验现象。

(3) 取蛋白质溶液 2.0 mL,加入 1 支洁净、干燥的试管中,再加 3%硝酸银溶液 1～2 滴,振荡,观察沉淀的产生。放置片刻,倒出上清液,向沉淀中加入少量蒸馏水,观察沉淀是否溶解,并解释观察到的实验现象。

(4) 取蛋白质溶液 2.0 mL,加入 1 支洁净、干燥的试管中,再加 5%三氯乙酸溶液 1.0 mL,振荡,观察沉淀的产生。放置,倾出上清液,向沉淀中加入少量蒸馏水,观察沉淀是否溶解,并解释观察到的实验现象。

(5) 取蛋白质溶液 2.0 mL,加入 1 支洁净、干燥的试管中,再加 95%乙醇 2.0 mL,混匀,观察沉淀的产生。

(6) 乙醇引起的变性与沉淀:按表 7-4 加入试剂、混匀。

表 7-4　乙醇引起蛋白质沉淀

试管号	试剂体积/mL				
	蛋白质溶液体积/mL	0.10 mol/L NaOH 溶液	0.10 mol/L HCl 溶液	95%乙醇	pH 4.7 乙酸-乙酸钠缓冲液
1	1	—	—	1	1
2	1	1	—	1	—
3	1	—	1	1	—

观察各试管中的变化。放置片刻,向各试管内加蒸馏水 8.0 mL,并在 2、3 号试管中滴加 1 滴甲基红,并分别用 0.10 mol/L 乙酸溶液及 0.05 mol/L Na_2CO_3 溶液中和,观察试管中的颜色变化及沉淀生成。再在 1、2、3 号试管中加入 0.10 mol/L HCl 溶液数滴,观察沉淀的再溶解,并解释 1、2、3 号试管中的实验现象。

5. 要点提示

球蛋白可在半饱和的硫酸铵溶液中析出,而清蛋白只有在饱和的硫酸铵溶液中才能析出,盐析得到的蛋白质沉淀在降低盐类浓度时,可以再溶解,是一个可逆的过程。

6. 废弃物处理

各小实验的废液倒入废液桶。

7. 思维拓展

鉴定蛋白质和氨基酸的常用方法有哪些?蛋白质的等电点和沉淀反应有何实用意义?

实验 8　乙酸纤维素薄膜电泳分离血清蛋白

1. 实验目的

(1) 学习区带电泳的原理。

(2) 掌握乙酸纤维素薄膜电泳的操作技术。

2. 实验原理

带电颗粒在电场中移动的现象称为电泳(electrophoresis)。带电颗粒在电场中的移动方向和迁移速率取决于颗粒自身所带电荷的性质、电场强度、溶液的 pH 值等因素。

乙酸纤维素薄膜电泳是以乙酸纤维素薄膜为支持物的一种区带电泳。乙酸纤维素是纤维素的羟基乙酰化所形成的纤维素乙酸酯,将它溶于有机溶剂(如丙酮、氯仿等)中,涂抹成均匀的薄膜,干燥后就成为乙酸纤维素薄膜。该膜具有均一的泡沫样结构,厚度为 120 μm,有强渗透性,对分子移动无阻力,作为区带电泳的支持物进行蛋白质电泳,具有微量、快速(约 60 min)、区带清晰、灵敏度高(5 μg/mL 蛋白质即可检出)、没有吸附现象、可准确定量等优点。此法已广泛用于血清蛋白、血红蛋白、脂蛋白、糖蛋白、同工酶等的分离和测定等。

蛋白质分子是两性电解质,当溶液的 pH 值小于蛋白质的等电点(pI)时,蛋白质带正电荷,在电场中向负极移动;当溶液的 pH 值大于蛋白质的等电点时,蛋白质带负电荷,在电场中向正极移动。一个混合的蛋白质样品,各蛋白质的等电点不同,在同一 pH 值溶液中其带电性质、电荷数目不同,再加上它们的分子大小、形状不一,因此在电场中各种蛋白质泳动的方向和速率也不同,从而可使蛋白质混合样品得以分离。

人血清中含有多种蛋白质,它们的等电点各不相同,但都在 8.6 以下(表 8-1)。本实验将血清放在 pH 8.6 巴比妥-巴比妥钠缓冲液浸透的乙酸纤维素薄膜上电泳,这些血清蛋白都解离出负离子,带负电荷,在该 pH 值环境中以不同速率向正极移动。电泳结束后,经染色、脱色处理后,可得到背景无色的各蛋白质电泳的区带。由正极到负极依次为清蛋白、α_1-球蛋白、α_2-球蛋白、β-球蛋白、γ-球蛋白。各蛋白质含量可用光密度计直接测定,或用洗脱法进行比色测定。

表 8-1　我国正常成人血清蛋白质组成

蛋白质名称	等电点(pI)	相对分子质量(M_r)	在总蛋白质中占比/(%)
清蛋白	4.64	69000	56.70
α_1-球蛋白	5.06	200000	3.74
α_2-球蛋白	5.06	300000	7.65
β-球蛋白	5.12	90000～150000	11.53
γ-球蛋白	6.35～7.30	156000～300000	20.30

3. 试剂与器材

1) 试剂

(1) pH 8.6 巴比妥-巴比妥钠缓冲液(离子强度为 0.06):称取巴比妥 1.66 g 和巴比妥钠 12.76 g,溶于蒸馏水中,定容至 1000 mL。

(2) 染色液:称取氨基黑 10B 0.25 g,加入蒸馏水 40.0 mL、甲醇 50.0 mL 和冰乙酸 10.0 mL,混匀,置于具塞的试剂瓶中塞紧瓶塞保存。可重复使用。

(3) 漂洗液:取95%乙醇45.0 mL、冰乙酸5.0 mL、蒸馏水50.0 mL,混匀,置于具塞的试剂瓶中塞紧瓶塞保存。

(4) 人血清:新鲜,无溶血现象。

2) 器材

电子天平、电泳仪、电泳槽、可见光分光光度计、点样器(市售或自制,用玻璃刀将厚薄一致的盖玻片裁成1 cm宽,磨平其边缘,擦净即可)、滤纸、竹镊子、乙酸纤维素薄膜(8 cm×2 cm)、普通滤纸、培养皿(直径为9～10 cm)、量筒、吹风机、直尺、铅笔、剪刀。

4. 实验步骤

1) 乙酸纤维素薄膜的湿润和选择

(1) 分辨出乙酸纤维素薄膜的光泽面和无光泽面,用铅笔在无光泽面的角上做上记号。小心地用镊子将薄膜放入盛有pH 8.6巴比妥-巴比妥钠缓冲液的培养皿中,使它漂浮在液面。若迅速湿润,整条薄膜色泽深浅一致,表明该薄膜质地均匀;若湿润时,薄膜上出现深浅不一的条纹或斑点,表明该薄膜厚薄不均匀。因为薄膜的质量对电泳的结果影响很大,所以实验中应该选择质地均匀的薄膜。

(2) 将选用的薄膜用镊子轻压,使它全部浸入缓冲液内,保持20～30 min。

2) 制作滤纸桥

(1) 根据实验使用的电泳槽的规格,剪裁尺寸合适(如33 cm×12 cm)的滤纸条2条,对折成双层后分别附着在电泳槽的2个支架上,使它的一端与支架前缘对齐,另一端浸入电泳槽的缓冲液内。用pH 8.6巴比妥-巴比妥钠缓冲液将滤纸全部润湿并驱除气泡(可用玻璃棒轻轻挤压支架上的滤纸),使滤纸紧贴在支架上,即为滤纸桥(它是联系乙酸纤维素薄膜和两极缓冲液之间的桥梁)。

(2) 向电泳槽内补加pH 8.6巴比妥-巴比妥钠缓冲液,使两边电泳槽内缓冲液的液面等高,否则通过薄膜时有虹吸现象,会影响蛋白质分子的泳动速率。

3) 点样

取出浸透的乙酸纤维素薄膜,夹在2层滤纸之间,轻轻地吸去多余的缓冲液。然后将薄膜的无光泽面向上,平铺在玻璃板(或倒扣的大培养皿)上。将点样器先在血清中蘸一下,再轻轻地垂直印在距薄膜一端1.5～2 cm处(图8-1)。

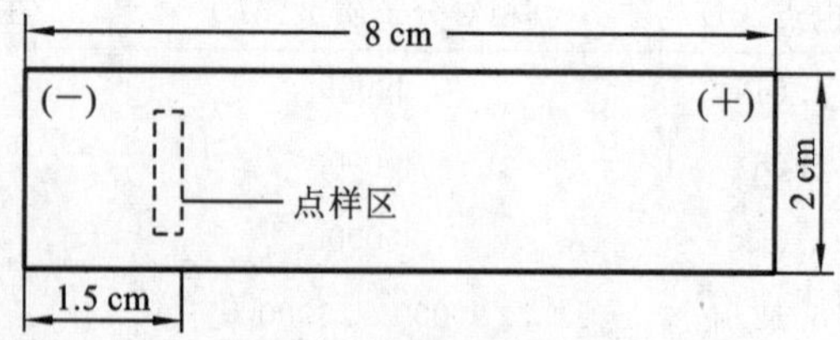

图 8-1　乙酸纤维素薄膜点样图

4) 电泳

(1) 将点好样的薄膜两端平贴在电泳槽支架的滤纸桥上(图8-2),注意:①点样端置于负极,另一端平贴在正极,两端必须紧贴滤纸桥并绷紧,不能有气泡,中间不能下垂;②点样面朝下;③点样区带离电泳槽支架10 mm左右,不能接触滤纸桥;④薄膜之间要有2 mm以上的间隙。盖严电泳槽盖,使薄膜平衡10 min,以保证薄膜湿度均匀。

(2) 正确连接电泳槽和电泳仪的正、负极,接通电源,按0.4～0.6 mA/cm(膜宽)调节电

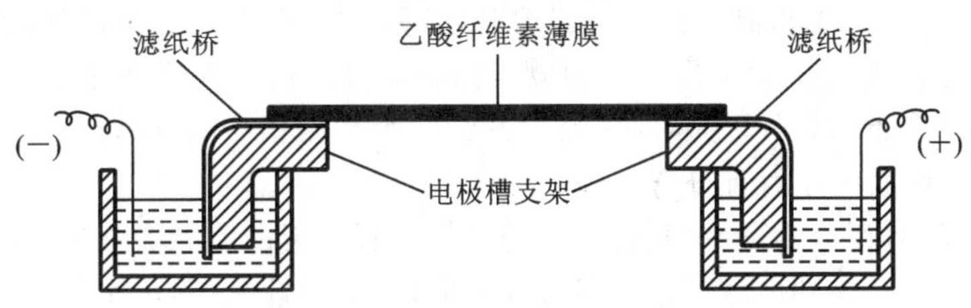

图 8-2　乙酸纤维素薄膜电泳装置

流强度，按 10～12 V/cm（膜长，这里指薄膜与滤纸桥总长度）调节电压。一般通电 60～70 min 后，关闭电泳仪。

5）染色和漂洗

（1）用镊子取出电泳后的薄膜，浸于盛有氨基黑 10B 染色液的培养皿中，染色 5～10 min，染色过程中不时轻轻晃动染色皿，使染色充分。薄膜条较多时，应避免彼此粘在一起。

（2）取出薄膜，尽量沥去染色液，再用漂洗液漂洗，每隔 10 min 换一次漂洗液，连续 3～4 次，至背景无色为止，可得色带清晰的电泳图谱（图 8-3）。

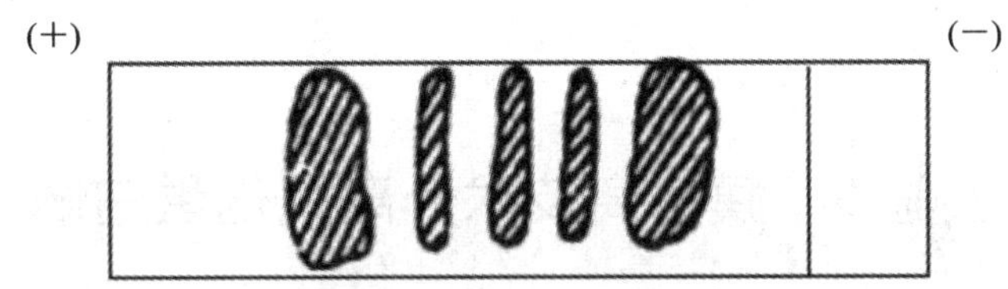

图 8-3　乙酸纤维素薄膜血清蛋白电泳图谱

（从左至右依次为清蛋白、α_1-球蛋白、α_2-球蛋白、β-球蛋白、γ-球蛋白）

6）废弃物处理

废液倒入废液桶。

5．要点提示

（1）乙酸纤维素薄膜一定要浸透，如有斑点、污染或划痕，均不能使用，否则可能造成区带歪扭不齐，各区带界限不清，背景脱色困难，实验结果难以重复等。

（2）浸透后的乙酸纤维素薄膜取出后用滤纸吸去其表面多余的缓冲液即可，不可吸得过干，否则样品不易进入薄膜的网孔内，造成电泳起始点参差不齐，从而影响分离效果。

（3）点样量要适中，不能太多，也不能太少；加样时不能太用力，也不能重复加样，而且要点成粗细均匀的细条状。否则，加样量过大会导致电泳后区带分离不清。学生可以先在滤纸上练习点样。

（4）电泳过程中注意监视电压、电流情况。电压高、电流大，电泳速率快，但产生的热效应大，薄膜上的水分蒸发严重，会导致电泳图谱短而不清。电泳时会产生大量的热，在炎热的夏天应使用水冷却装置适当降温。

（5）电泳时间的长短，应以血清各组分最佳分离效果为标准，一般是当移动最快的清蛋白距正极端约 1 cm 时停止电泳。

（6）可将漂洗后的薄膜夹在洁净的滤纸中，吸去多余的水分，用吹风机冷风吹干，拍照、保存。

（7）血清中各蛋白质的定量测定。

① 洗脱法：取 6 支试管，编号，分别加入 0.4 mol/L NaOH 溶液 4.0 mL。将漂洗后的薄

膜用滤纸压平吸干，按分离得到的区带分段剪开，分别放入 5 支试管中，同时剪取相同大小的无色薄膜带浸泡于第 6 支试管中作为空白管。振荡约 10 min，待色泽完全浸出后，用分光光度计于 620 nm 波长处以空白管为对照，测定各管的吸光度值(A_{620})，分别记为 $A_{清}$、A_{α_1}、A_{α_2}、A_{β}、A_{γ}。各种血清蛋白的相对百分含量为

$$蛋白质相对百分含量=(某蛋白质的 A_{620} / 所有蛋白质 A_{620} 总和)\times 100\%$$

② 光密度法：将干燥的电泳图谱薄膜放入透明液(临用前配制，无水乙醇与冰乙酸体积比为 7∶3，混匀，置于具塞的试剂瓶中塞紧瓶塞保存)，浸泡 2～3 min，取出贴于洁净玻璃板上，干后即为透明的薄膜图谱，用光密度计直接测定。

6. 思维拓展

(1) 用乙酸纤维素薄膜作为电泳支持物有什么优点？

(2) 为什么将薄膜的点样端放在滤纸桥的负极端而不是正极端？

(3) 电泳图谱清晰的关键是什么？如何正确操作？

第二节　综合性实验

实验 9　膜分离技术分离纯化蛋白质

1. 实验目的

(1) 学习膜分离技术的基本原理。

(2) 掌握膜分离的操作技术。

2. 实验原理

蛋白质是具有生理活性的功能物质，被广泛应用于医疗和食品领域。蛋白质常存在于多种物质组成的混合体系中，且稳定性较差，对温度、pH 值、机械剪切力等非常敏感，易变性。因此，蛋白质的分离纯化工艺不宜采用过于激烈的方法。目前它们的提取与精制通常采用沉淀、离心、萃取、离子交换和色谱等方法，但工艺过程复杂，且费用通常高达生产成本的 50%以上。膜分离技术是一种新型分离技术，具有设备简单、常温操作、无相变及化学变化、选择性高及能耗低等优点，越来越受到人们的重视，并逐步得到应用。选择适当分离膜、操作参数和操作模式，即可实现蛋白质的浓缩、分离与纯化。

在一种流体相间有一层薄的凝聚相物质，把流体相分隔开来成为两部分，而这一薄层物质称为膜。膜本身是均一的一相或由两相以上凝聚物构成的复合体。被膜分开的流体相物质是液体或气体。膜的厚度应在 0.5 mm 以下，否则不能称其为膜。

膜分离过程以选择性透过膜为分离介质，通过在膜两侧施加某种推动力(如压力差、蒸气分压差、浓度差、电位差等)，使得原料两侧组分选择性透过膜(图 9-1)，达到分离提纯的目的。

分离用膜一般需达到以下基本要求。①耐压：膜孔径小，要保持高通量就必须施加较高的压力，一般膜操作的压力范围为 0.1～0.5 MPa，反渗透膜的压力更高，为 1～10 MPa。②耐高温：适应高通量带来的温度升高和清洗的需要。③耐酸碱：防止分离过程中，以及清洗过程中膜的水解。④化学相容性：保持膜的稳定性。⑤生物相容性：防止生物大分子的变性。⑥成本低。

膜可根据不同的特征类型进行分类：按膜结构，可分为对称性膜、不对称膜、复合膜；按照材料，可分为有机高分子膜(天然高分子材料膜、合成高分子材料膜)、无机材料膜；按照孔径大

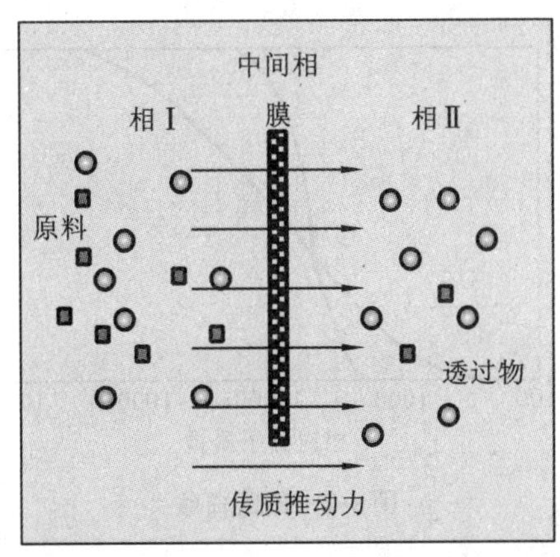

图 9-1　膜分离原理的示意图

小(表 9-1)，可分为微滤(microfiltration，MF)膜、超滤(ultrafiltration，UF)膜、纳滤(nanofiltration，NF)膜、反渗透(reverse osmosis，RO)膜。微滤膜用于截留直径为 0.02～10 μm 的粒子，可用于发酵液除菌、澄清及细胞收集等；超滤法可分离相对分子质量从上千到数百万的可溶性大分子物质，对应孔径为 2～20 nm，超滤膜规格通常不是以孔径作为标准，而是将截留相对分子质量(molecular weight cut-off，MWCO)作为指标，可对溶液中不同相对分子质量组分的分子进行分级或分离；纳滤法集浓缩与脱盐于一体，膜平均孔径为 1～2 nm，用于分离溶液中相对分子质量为 300～1000 的小分子物质，如抗生素、氨基酸等；反渗透膜因其致密的分离结构，对离子有效截留，主要用于海水脱盐、纯水制造以及小分子产品浓缩等。

表 9-1　各种膜分离方法的分离范围

膜分离类型	分离粒径/μm	近似相对分子质量	常规物质
过滤	＞1		沙粒、酵母、花粉、血红蛋白
微滤	0.06～10	＞500000	颜料、油漆、树脂、乳胶、细菌
超滤	0.005～0.1	6000～500000	凝胶、病毒、蛋白、炭黑
纳滤	0.001～0.01	200～6000	燃料、洗涤剂、维生素
反渗透	＜0.001	＜200	水、金属离子

膜分离性能可通过膜通量(membrane flux，J)和截留率(retention rate，R)来表征。膜通量是指在一定工作压力和温度下，单位面积膜在单位时间内的透过液量。截留率是指溶液中被膜截留的特定溶质的量所占溶液中该特定溶质总量的比率，截留率随相对分子质量的变化曲线称为截断曲线，图 9-2 中显示了两种常见的变化趋势。

影响膜分离性能的主要参数有溶液状况(包括料液预处理、料液浓度、pH 值及离子强度等)、操作条件(包括膜两侧压差、温度、循环流速等)和膜表面特性(包括膜表面的亲(疏)水性、电荷或电位、膜孔径及其分布等)。这些参数的优化对实际膜分离过程十分重要，一般是通过对一定的待分离体系进行小试，测定不同条件下的膜通量和截留率，选择较高的膜通量和满意的截留率时的参数。

由膜、固定膜的支撑体、间隔物以及容纳这些部件的容器构成的一个单元称为膜组件。它是膜分离装置的核心。目前市售商品膜组件主要有管式、平板式、螺旋卷式和中空纤维(毛细管)式等四种(部分见图 9-3 至图 9-6)，管式和中空纤维式膜组件根据操作方式不同，又分为内压式和外压式。

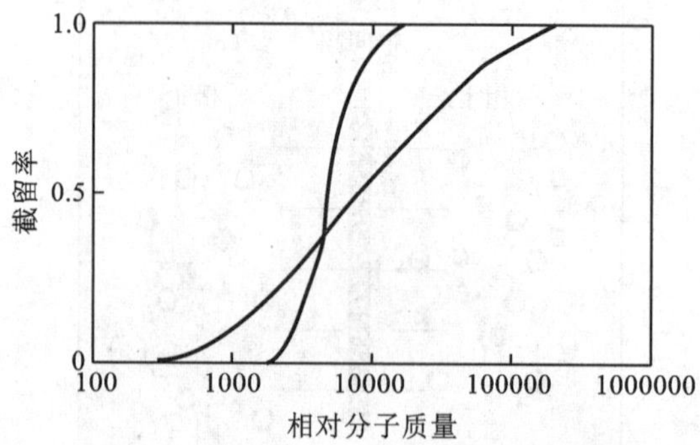

图 9-2 截断曲线

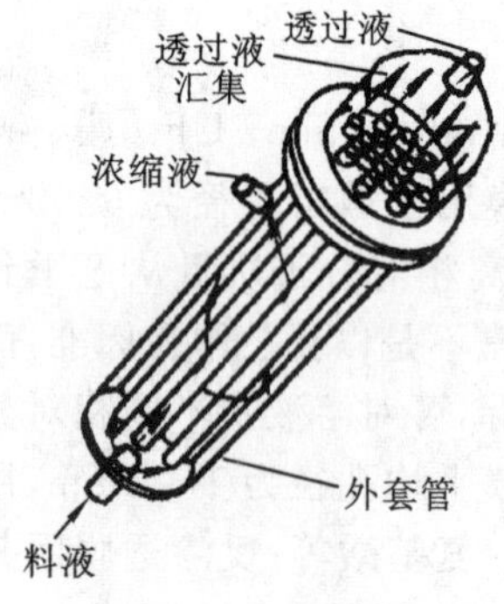

图 9-3 管式膜组件

图 9-4 管式陶瓷超滤膜组件

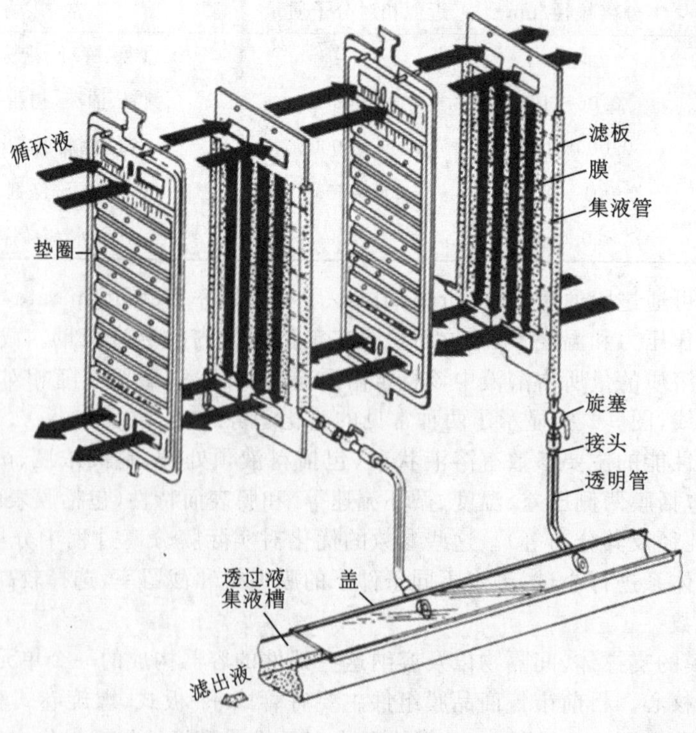

图 9-5 平板式膜装置

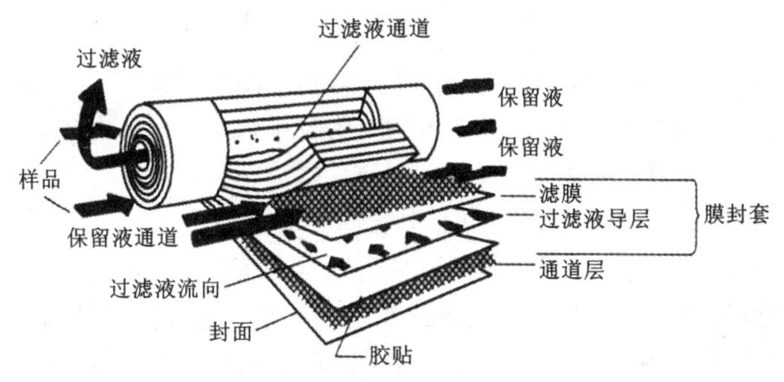

图 9-6　螺旋卷式膜装置

本实验利用膜分离技术分离玉米蛋白水解液。玉米蛋白经酶充分水解后，得到不同链长的多肽、寡肽和氨基酸等，采用管式膜分离装置依据它们的相对分子质量大小进行分离，先经微滤去除大分子多肽类物质，然后经超滤进一步去除相对分子质量超过 5000 的多肽，最后经反渗透对相对分子质量小于 5000 的寡肽进行浓缩并除去离子，以得到目标寡肽物质(图 9-7)。

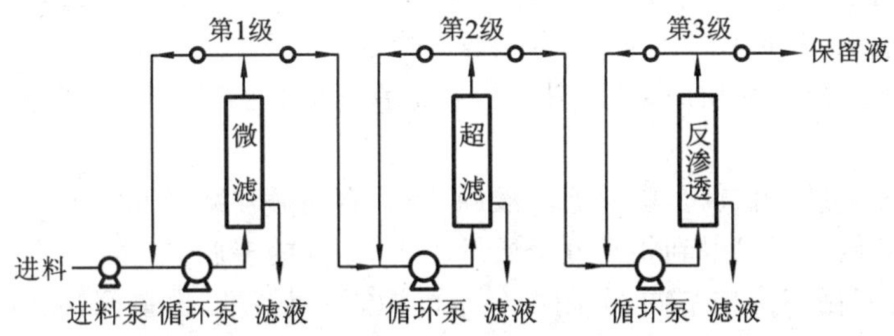

图 9-7　膜分离蛋白质示意图

3. 试剂与器材

1) 试剂

玉米蛋白水解液、玉米蛋白经碱性蛋白酶及木瓜蛋白酶水解后，得到不同链长的肽类物质，其中寡肽占 70%～80%，多肽占 15%～25%，还有极少量的游离氨基酸。

2) 器材

卷式膜多功能小试设备(图 9-8)。

图 9-8　卷式膜多功能小试设备

4. 实验步骤

1) 预处理

玉米蛋白水解液先经滤纸过滤，除去小颗粒物质，收集滤液。

2) 微滤操作

微滤又称为微孔过滤,它是以静压差为推动力,利用膜的"筛分"作用进行分离的膜分离过程。由于微孔滤膜孔径为 0.1～3 μm,相对较大,孔隙率高,因而阻力小,过滤速度快,实际操作压力控制在 0.1～0.2 MPa 即可。

(1) 在原液箱中放入经滤纸过滤后的玉米蛋白水解液。

(2) 打开循环泵进、出口阀,以及循环液调节阀,启动循环泵至 0.1 MPa。

(3) 调节循环液调节阀,使待分离滤液经粗滤、精滤后进入微滤装置;微滤装置有浓缩液接口和分离液接口,其流量可调;在分离液接口可以得到相对分子质量小于 500000 的蛋白质。

(4) 关机:打开循环液调节阀,关闭循环泵电源,关闭泵进、出口阀,同时放空微滤装置内液体,用蒸馏水循环将微滤装置内冲洗干净。冲洗后关机时,微调循环液调节阀,关闭微滤进口阀、分离液出口阀,关闭循环泵、循环液调节阀、进口阀,保证膜内充满蒸馏水。

3) 超滤操作

超滤即超过滤,是介于微滤和纳滤之间的一种膜分离,其原理也是利用膜的"筛分"作用进行分离。膜孔径在 5 nm 至 0.1 μm。实际应用中,超滤以截留相对分子质量(MWCO)表征。本实验超滤的条件如下:MWCO 为 5000,超滤压力为 0.2 MPa,室温。

(1) 开启微滤分离液与超滤装置连接阀,超滤装置也有浓缩液接口和分离液接口,其流量可调。

(2) 打开循环泵进、出口阀,以及循环液调节阀,启动循环泵至 0.2 MPa。

(3) 在分离液接口可以得到相对分子质量小于 5000 的多肽。

(4) 关机:打开循环液调节阀,关闭循环泵电源,关闭泵进、出口阀,同时放空超滤装置内液体,用蒸馏水循环将超滤装置内冲洗干净。冲洗后关机时,微调循环液调节阀,关闭超滤进口阀、分离液出口阀,关闭循环泵、循环液调节阀、进口阀,保证膜内充满蒸馏水。

4) 反渗透操作

反渗透是施加压力于与半透膜相接触的浓溶液,而使之产生和自然渗透方向相反的渗透过程。反渗透的原理同样基于过滤模式,但反渗透膜"孔径"已小至纳米,即使在扫描电镜下也无法看到表面任何"过滤"小孔。要达到反渗透效果,操作压力需要高于原水渗透压,因而一般反渗透的操作压力要高于其他类型的过滤,需在 0.2 MPa 以上,一般在 0.2～0.8 MPa。本实验采用反渗透进行样品液的浓缩,操作压力为 0.3 MPa。

(1) 在中间液箱内放入超滤后的待分离液体。

(2) 打开高压泵进、出口阀,以及循环液调节阀。

(3) 启动高压泵。

(4) 调节循环液调节阀,使待分离液经保安过滤器进入反渗透装置,压力表显示压力在 0.3 MPa 左右,反渗透装置正常工作;反渗透装置有浓缩液接口和分离液接口,其流量可调;所收集的浓缩液为除去离子后的浓缩液。

(5) 关机:打开循环液调节阀,关闭反渗透装置分离液出口阀、浓缩液出口阀、高压泵电源,关闭泵进、出口阀;清理干净中间液箱,用蒸馏水循环将反渗透装置内冲洗干净。冲洗后关机时,微调循环液调节阀,关闭反渗透装置进、出口阀、浓缩液出口阀、分离液出口阀,关闭高压泵、循环调节阀、进口阀,保证膜组件内充满蒸馏水。收集得到的浓缩液为相对分子质量小于 5000 并除去离子的多肽水溶液,用于下一步实验。

5) 废弃物处理

废液倒入废液桶。

5. 要点提示

(1) 注意原液箱、中间液箱始终有液体且高于泵出口，确保循环泵、高压泵不抽空、无气泡。

(2) 每次开机前要用蒸馏水对微滤装置、超滤装置需使用部分进行循环清洗。

(3) 注意微滤装置、超滤装置、反渗透装置浓缩液出口阀、分离液出口阀的调节与开启方法。

(4) 缓开压力阀，使压力匀速上升。

(5) 保证给水浊度＜1 NTU(NTU 是散射浊度单位，表明仪器在与入射光成 90°角的方向上测量散射光强度)或 SDI＜4(SDI 代表水中颗粒、胶体和其他能阻塞各种水净化设备的物体含量)，给水温度＜45 ℃，给水中不含可能对膜造成物理及化学损伤的有害物质。

(6) 冬天注意防冻，室温控制在 5～25 ℃。

(7) 组件在拆卸下端盖时，注意不要让下端盖与滤芯一同掉下，以免碰坏元件。

(8) 安装时，要先安装下端盖，并且在下端卡箍卡紧后再安装上端盖。

6. 思维拓展

根据实验过程，思考微滤、超滤和反渗透的材料及操作条件有哪些不同。

实验 10　聚丙烯酰胺凝胶电泳分离血清蛋白

Acr 和 Bis 的纯化

1. 实验目的

(1) 学习聚丙烯酰胺凝胶电泳的基本原理。

(2) 掌握聚丙烯酰胺凝胶电泳的操作技术。

2. 实验原理

聚丙烯酰胺(polyacrylamide，PAA)凝胶是丙烯酰胺(acrylamide，Acr)在交联剂甲叉双丙烯酰胺(bisacrylamide，Bis)的作用下经聚合而形成的一种大分子化合物。以聚丙烯酰胺为支持介质的电泳技术称为聚丙烯酰胺凝胶电泳(polyacrylamide gel electrophoresis，PAGE)。其主要特点如下：①合成聚合物，重复性良好；②样品不易扩散，分离能力好；③通过增减丙烯酰胺单体和交联剂的浓度，可以调节凝胶的孔径大小；④操作简便、时间短；⑤化学性质稳定、机械性能好，易于观察；⑥由于染色技术的进步，可以进行定量，也可检测出极微量的斑点(琼脂糖电泳)。因而，聚丙烯酰胺凝胶电泳被广泛应用于蛋白质、核酸、多糖等生物大分子的分离分析中，是生物化学中最常用的技术之一。聚丙烯酰胺的合成及网状结构如图 10-1 所示：

```
                                                                        |
                 CH2=CH              —CH2—CH—CH2—CH—CH2—CH
                     |                     |        |        |
                     C=O                   C=O      C=O      C=O
                     |                     |        |        |
                     NH                    NH2      NH2      NH
                     |                                       |
 CH2=CH              CH2                                     CH2
   |                 |                                       |
   C=O      +        NH      催化剂        NH2      NH2      NH
   |                 |      ——————→        |        |        |
   NH2               C=O                   C=O      C=O      C=O
                     |                     |        |        |
                 CH2=CH              —CH2—CH—CH2—CH—CH2—CH
                                                             |
   Acr               Bis                        PAA
```

图 10-1　聚丙烯酰胺的合成及网状结构

丙烯酰胺的聚合作用只有在自由基存在时才能发生,因此需要一个催化诱发系统产生自由基。常用的有过硫酸铵(ammonium peroxodisulfate,AP)-四甲基乙二胺(N,N,N′,N′-tetramethylethylenediamine,TEMED)和核黄素-TEMED 催化诱发系统。AP-TEMED 为化学聚合系统,诱发剂 TEMED 加速 AP 产生自由基,使 Acr 单体转变为自由基态而产生聚合作用。本系统中溶液的 pH 值对聚合作用非常重要,pH 值过低会导致没有足够的碱基加速催化反应,同样过多的氧分子存在,会使聚合作用很快停止。所以制备凝胶时,在加 AP 之前,混合物容器必须抽去空气。核黄素-TEMED 为光聚合系统,其催化诱发原理为核黄素在光照射及微量氧存在下,可产生自由基,使 Acr 发生聚合作用。因制得的凝胶孔度较大,常用于制备浓缩胶。

根据凝胶各部分缓冲液的种类及 pH 值、孔径是否相同,PAGE 可分为连续系统和不连续系统。在连续系统中,各部分均相同。在不连续系统中,PAGE 存在两种孔度的凝胶,即大孔度的浓缩胶和小孔度的分离胶,浓缩胶位于分离胶的上层。不连续系统的优点在于对样品的浓缩效应好,能在样品分离前将样品浓缩成极薄的区带,从而提高分辨率。若样品浓度大,成分较简单,则采用连续系统也可得到满意的分离效果。

3. 试剂与器材

1) 试剂

(1) pH 8.9 分离胶缓冲液:取 1 mol/L HCl 溶液 48.0 mL、三羟甲基氨基甲烷(hydroxymethyl aminomethane,Tris)36.6 g、TEMED 0.23 mL,加重蒸水使其溶解,然后加重蒸水定容至 100 mL,置于棕色瓶中,4 ℃下储存。

(2) 分离胶贮液:称取 Acr 28.0 g、Bis 0.735 g,加重蒸水使其溶解后定容至 100 mL,过滤后置于棕色试剂瓶中,4 ℃下储存。一般可放置 1 个月左右。

(3) 1%AP 溶液:AP 1.0 g 加重蒸水至 100 mL,置于棕色瓶中,4 ℃下储存仅能用 1 周,最好使用当天配制。

上述 3 种试剂用于制备分离胶。

(4) pH 6.8 浓缩胶缓冲液:取 1 mol/L HCl 溶液 48.0 mL、Tris 5.98 g、TEMED 0.46 mL,加重蒸水溶解,然后定容至 100 mL,置于棕色瓶内,4 ℃下储存。

(5) 浓缩胶贮液:称取 Acr 10.0 g、Bis 2.5 g,加重蒸水溶解后定容至 100 mL,过滤后,置于棕色瓶内,4 ℃下储存。

(6) 40%蔗糖溶液。

(7) 0.004%核黄素溶液:取核黄素 4.0 mg,加重蒸水溶解,定容至 100 mL,置于棕色瓶内,4 ℃下储存。

以上 4 种溶液用于配制浓缩胶。

(8) pH 8.3 Tris-甘氨酸电极缓冲液:称取 Tris 6.0 g、甘氨酸 28.8 g,加重蒸水至 900 mL,调 pH 值至 8.3 后,用重蒸水定容到 1000 mL。置于试剂瓶中,4 ℃下储存,临用时稀释 10 倍。

(9) 0.1%溴酚蓝指示剂。

(10) 0.05%考马斯亮蓝 R_{250} 染色液:称取考马斯亮蓝 0.05 g、磺基水杨酸 20.0 g,加蒸馏水至 100 mL,过滤后置于试剂瓶内保存。

(11) 7%乙酸脱色液。

(12) 1%琼脂糖溶液:称取琼脂糖 1.0 g,加已稀释 10 倍的电极缓冲液 100 mL,加热溶解。4 ℃下储存，备用。

2）器材

夹心式垂直板电泳槽、凝胶模(135 mm×100 mm×1.5 mm)、直流稳压电源(电压 300～600 V，电流 50～100 mA)、移液管、烧杯、细长头的滴管、1 mL 注射器及 6 号长针头、微量注射器、真空泵、真空干燥器、培养皿等。

4. 实验步骤

1）安装夹心式垂直板电泳槽

夹心式垂直板电泳装置如图 10-2 和图 10-3 所示。电泳槽两侧为有机玻璃制成的电极槽，两个电极槽之间夹有一个凝胶模，该模由一个 U 形硅橡胶框、长与短玻璃板及样品槽模板(梳子)所组成。

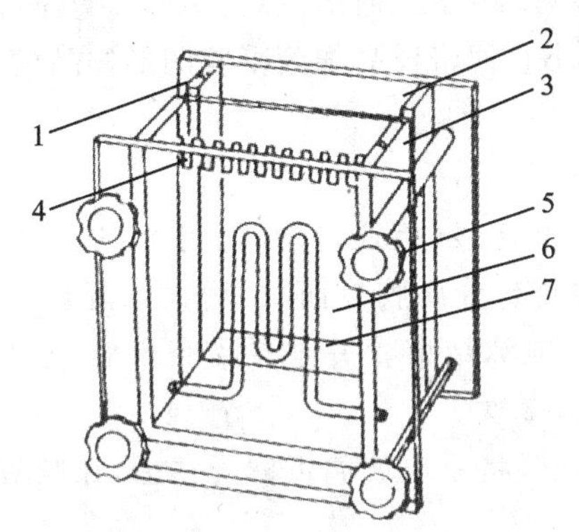

图 10-2　夹心式垂直板电泳槽示意图

1. 导线接头；2. 下贮槽(阳极端)；3. U 形硅橡胶框；4. 样品槽模板；5. 固定螺丝；6. 上贮槽(阴极端)；7. 冷凝系统

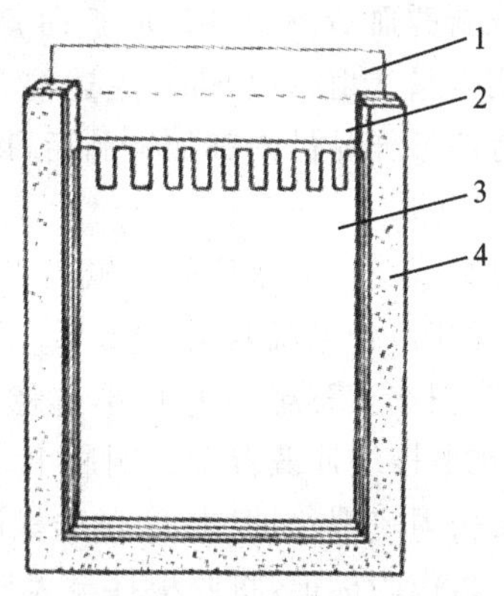

图 10-3　凝胶模示意图

1. 样品槽模板；2. 长玻璃片；3. 短玻璃片；4. U 形硅橡胶框

该装置依下列顺序组装：①装上贮槽和固定螺丝销钉，仰放在桌面上；②将长、短玻璃板分别插到 U 形硅橡胶框的凹形槽中(注意勿用手接触灌胶面的玻璃)；③将已插好玻璃板的凝胶模平放在上贮槽上，短玻璃板应面对上贮槽；④将下贮槽的销孔对准已装好螺丝销钉的上贮槽，以对角线的方式旋紧螺帽；⑤竖直放置电泳槽，在长玻璃板下端与 U 形硅橡胶框交界的缝隙内加入已熔化的 1%琼脂糖，封住空隙，凝固后的琼脂糖中应避免有气泡。

2）凝胶的制备

(1) 制备 7.0%分离胶(小孔胶)。

根据实验要求，本实验选择配制 20 mL 7.0%分离胶。试剂用量：pH 8.9 分离胶缓冲液 2.5 mL、分离胶贮液 5.0 mL、重蒸水 2.5 mL、1%AP 溶液 10.0 mL。

加 1%AP 溶液前需将混匀后的溶液置于真空干燥器中抽气 10 min。加入 AP 溶液后，迅速充分混匀，用细长头的滴管加至长、短玻璃板间的窄缝内，加胶高度为距样品模板梳齿下缘约 1 cm。用 1 mL 注射器在凝胶表面沿短玻璃板边缘轻轻加一层重蒸水(3～4 mm)，用于隔绝空气。为防止渗漏，在上、下贮槽中加入略低于胶面的蒸馏水。30～60 min 后凝胶完全聚合，则可看到水与凝固的胶面有折射率不同的界线，用滤纸条吸去多余的水。

(2) 制备 2.5%浓缩胶(大孔胶)。

根据实验要求，本实验选择配制 8 mL 2.5%浓缩胶。试剂用量：pH 6.8 浓缩胶缓冲液

1.0 mL、浓缩胶贮液 2.0 mL、40%蔗糖溶液 4.0 mL、0.004%核黄素溶液 1.0 mL。

加 0.004%核黄素溶液前需将混匀后的溶液置于真空干燥器中抽气 10 min。加入核黄素溶液后，迅速充分混匀，用细长头的滴管将凝胶溶液加到长、短玻璃板的窄缝内（即分离胶上方），距短玻璃板上缘 0.5 cm 处，轻轻加入样品槽模板，应避免混入气泡。在上、下贮槽中加入蒸馏水，但不能超过短玻璃板上缘。在距离电极槽 10 cm 处，用日光灯或太阳光照射，进行光聚合，但不要造成大的升温。在正常情况下，照射 6～7 min，则凝胶内由透明淡黄色变成乳白色，表明聚合作用开始。继续光照 30 min，使凝胶聚合完全。光聚合完成后放置 30～60 min，轻轻取出样品槽模板，用窄条滤纸吸去样品凹槽中多余的液体，加入稀释 10 倍的 pH 8.3 Tris-甘氨酸电极缓冲液，使液面没过短玻璃板约 0.5 cm，即可加样。

3) 加样

取新鲜血清 30.0 μL 加于白瓷板凹穴内，以等体积 40%蔗糖溶液（加入少量溴酚蓝）稀释。用微量注射器取 5 μL 上述混合液，通过缓冲液，小心地将样品加到凝胶凹形样品槽底部，待所有凹形样品槽内都加样品后，即可开始电泳。

4) 电泳

将直流稳压电泳仪的正极与下槽连接，负极与上槽连接，接通冷却水，打开电泳仪开关。电泳开始时，将电流调至 10 mA。待溴酚蓝移至浓缩胶与分离胶界面时，增大电流至 20～30 mA。当溴酚蓝移至距离 U 形硅橡胶框下约 1 cm 时，电泳结束。关电源及冷却水，分别回收上、下槽电极缓冲液置于试剂瓶中，4 ℃储存还可用 1～2 次。

旋松固定螺丝，取出 U 形硅橡胶框，用不锈钢铲轻轻将一块玻璃板撬开移去，在胶板一端切去一角作为标记，将胶板移至大培养皿中染色。

5) 固定与染色

为防止样品扩散，应尽快将胶条固定并染色。本实验采用 0.05%考马斯亮蓝 R_{250} 染色液染色，其优点是固定与染色同时进行，且背景色易脱去。向装有胶板的大培养皿中加入0.05%考马斯亮蓝 R_{250} 染色液（内含 20%磺基水杨酸），使染色液没过胶板，染色 30 min 左右。

6) 脱色

染色结束后，先用水冲去表面多余染色液，以 7%乙酸浸泡漂洗数次，直至背景蓝色褪去。如用 50 ℃水浴或脱色摇床，则可缩短脱色时间。脱色后可见血清蛋白在凝胶上分离出十几至二十几条带（图 10-4）。

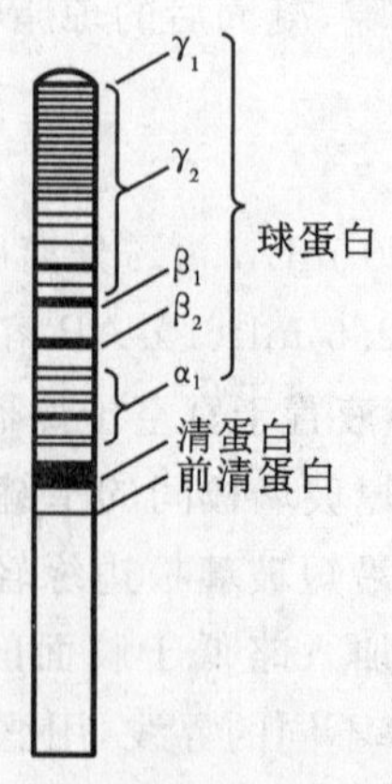

图 10-4　聚丙烯酰胺凝胶电泳血清蛋白区带分布图

7）废弃物处理

凝胶单独回收处理，废液倒入废液桶。

5. 要点提示

（1）制备凝胶应选用高纯度的试剂，否则会影响凝胶聚合与电泳效果。Acr 及 Bis 是制备凝胶的关键试剂，如含有丙烯酸或其他杂质，则会造成凝胶聚合时间延长、聚合不均匀或不聚合，应将它们分别纯化后方能使用。

（2）Acr 及 Bis 均为神经毒剂，可经皮肤、呼吸道等吸收，实验表明它们对小鼠的半数致死剂量为 170 mg/kg。操作时应戴手套及口罩，若需纯化应在通风橱中进行。

（3）安装电泳槽和摆有长、短玻璃板的 U 形硅橡胶框时，位置要端正，均匀用力旋紧固定螺丝，以免缓冲液渗漏。样品槽模板梳齿应平整光滑。

（4）凝胶完全聚合后，必须放置 0.5～1 h，使其充分"老化"后，才能轻轻取出样品槽模板，切勿破坏加样凹槽底部的平整，以免电泳后区带扭曲。

（5）溴酚蓝在碱性溶液中呈蓝色，在酸性溶液中呈黄色，所以固定时间可以凝胶条上溴酚蓝指示剂由蓝色变黄色而定。

（6）过硫酸铵溶液最好为当天配制，冰箱储存也不能超过 1 周。

6. 思维拓展

根据实验过程的体会，如何做好聚丙烯酰胺垂直板电泳？哪些是关键步骤？

实验 11　葡聚糖凝胶过滤层析法测定蛋白质相对分子质量

1. 实验目的

（1）学习凝胶过滤层析技术的基本原理。

（2）掌握利用凝胶过滤层析法测定蛋白质相对分子质量的基本方法。

（3）强化实验安全意识，培养合作能力。

2. 实验原理

凝胶层析（gel chromatography）是 20 世纪 60 年代发展起来的一种物质分离的层析技术，凝胶过滤层析又称分子筛层析（molecular chromatography），是以具有网状结构的凝胶颗粒作为固定相，根据物质的分子大小进行分离的一种层析技术，也就是利用流动相中溶质的相对分子质量大小的差异而进行分离的一种方法，所以又称为排阻层析（exclusion chromatography）。利用具有一定孔径大小的多孔凝胶作固定相，凝胶的孔隙犹如"筛眼"，当被分离的物质流过凝胶柱时，分子大于凝胶"筛眼"的物质完全被排阻，不能进入凝胶颗粒内部，只能随着溶剂在凝胶颗粒之间流动，因此受到的阻滞作用小，流程短，流速快，先流出层析柱；分子小于"筛眼"的物质则可完全深入凝胶颗粒的"筛眼"中，因此受到的阻滞作用大，而且从一个颗粒的"筛眼"又进入另一个颗粒的"筛眼"，其流程长，从层析柱中流出就较晚。若分子大小介于上述完全排阻或完全渗入凝胶的物质，则介于二者之间从柱中流出。根据流出先后次序的不同即可达到分离和纯化被分离物质的目的。测定生物大分子的相对分子质量是凝胶层析的重要用途之一。用于相对分子质量测定的凝胶有交联葡萄糖、琼脂糖和聚丙烯酰胺凝胶等。

本实验采用葡聚糖凝胶（Sephadex）过滤层析法分离并测定蛋白质的相对分子质量。它是有不同孔隙度的立体网状结构的凝胶，不溶于水。如图 11-1 所示，当混合的蛋白质溶液通过凝胶柱时，分子直径小于凝胶孔径的蛋白质可以进入胶粒内部，在通过胶粒时遇到的阻力大,洗脱流速慢;分子直径大于凝胶孔径的蛋白质不能进入胶粒内部,可以比较顺利地通过胶粒的空隙而流出,阻力小,洗脱流速快。由于流速不同,就可以把分子大小不同的蛋白质分离开,因为凝胶具有这种性能,所以把它称为“分子筛”。

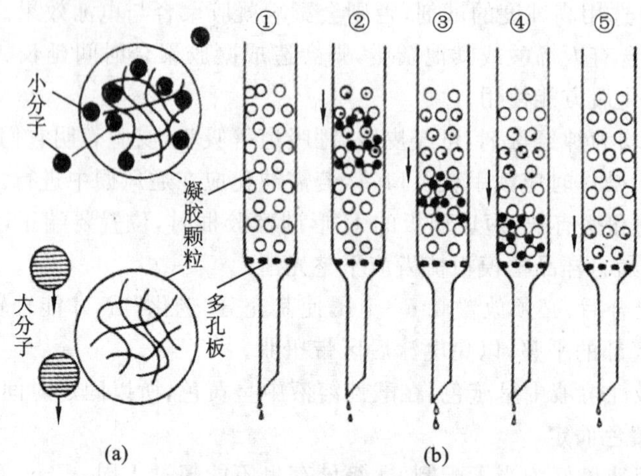

图 11-1　凝胶层析原理

图 11-1(a)表示,小分子由于扩散作用进入凝胶颗粒内部而被滞留,大分子被排阻在凝胶颗粒外面,在颗粒之间迅速通过。图 11-1(b)表示:①蛋白质混合物上柱;②洗脱开始,小分子进入凝胶颗粒内,大分子被排阻于颗粒之外;③小分子滞留,大分子向下移动,大、小分子开始分开;④大、小分子完全分开;⑤大分子行程较短,已经洗脱流出层析柱,小分子尚在进行中。

根据凝胶层析原理,同一类型化合物的洗脱特征与组分的相对分子质量有关。流过凝胶柱时,按分子大小顺序流出,相对分子质量大的在前面。实验研究表明,在凝胶分离范围之内,蛋白质相对分子质量与洗脱位置之间存在线性对应关系。洗脱体积 V_e 是该物质相对分子质量对数的线性函数,可用下式表示:

$$V_e = K_1 - K_2 \lg M_r$$

式中:K_1 与 K_2 为常数,M_r 为相对分子质量。

影响洗脱的因素如下:①洗脱液加在柱上的压力——操作压(由液面差引起)。一般来说,流速与柱压力差成正比,但对某些种类凝胶加压不能超过一个极限值,否则加大压力,不仅不能增加流速,反而使流速急剧下降,在使用交联度小(凝胶吸水量$>$7.5)的凝胶时要特别注意。为保持层析过程中恒定的压力,可使用恒压瓶。②凝胶交联度。交联度大的凝胶(G-10 至 G-50 型)的流速与柱的压力差成正比,与柱长成反比,与柱的直径无关。交联度小的凝胶(G-75 至 G-200 型)的流速与柱的直径有关,并在一定操作压差下有最大的流速值。③凝胶颗粒大小。颗粒大时,流速较大,但流速大时洗脱峰形常较宽。颗粒小时,流速较慢,分离情况较好。要求在不影响分离效果的情况下,尽可能使流速不致太慢,以免用时过长。

测定方法有两种。一种方法是上柱样品中一次包括几个标准蛋白质,洗脱后分出相应的几个峰。根据峰顶端对应的洗脱体积算出各标准蛋白质的洗脱体积,这样一次过柱就可以制作标准曲线。将已知的标准蛋白质走完后,再在已知标准混合样品中加入未知样品,过柱后出现的新峰就属于未知样品,测出未知样品的洗脱体积,通过标准曲线找出对应的相对分子质量,这种方法叫作内插法。另一种方法是一个标准蛋白质过一次柱,经几次过柱后得到对应的洗脱体积,画出标准曲线。将已知的标准蛋白质走完后,再测未知样品的洗脱体积,求出对应的相对分子质量，这种方法叫作外插法。本实验使用 Sephadex G-75，采用内插法进行。

3. 试剂与器材

1）试剂

(1) 洗脱液：称取 Tris 12.12 g、KCl 15 g，先用少量去离子水溶解，再加入浓盐酸 6.67 mL，用去离子水定容至 2 L。

(2) 标准蛋白质（均为层析纯）混合液：取蓝色葡聚糖-2000（M_r 为 2×10^6）3 mg、牛血清白蛋白（M_r 为 6.7×10^4）15 mg、卵清蛋白（M_r 为 4.3×10^4）15 mg、胰凝乳蛋白酶原 A（M_r 为 2.5×10^4）5 mg、细胞色素 c（M_r 为 1.24×10^4）2.5 mg、二硝基苯丙氨酸（M_r 为 2.55×10^2）0.3 mg，用 50 mmol/L 磷酸缓冲液 2.0 mL 溶解，混合样品，备用。

(3) 8～10 mg/mL 蓝色葡聚糖-2000，8～10 mg/mL N-乙酰酪氨酸乙酯（或 $(NH_4)_2SO_4$、重铬酸钾）。

(4) 0.025 mol/L KCl -0.2 mol/L 乙酸溶液，Sephadex G-75（或 G-100），5% $Ba(Ac)_2$ 溶液。

(5) 待测蛋白质溶液。

2）器材

层析柱（柱管直径为 1.0～1.3 cm，管长 90～100 cm）、紫外检测仪、自动分部收集器、紫外分光光度计、恒流泵、小型台式记录仪。

4. 实验步骤

1）凝胶预处理

凝胶颗粒最好大小比较均匀，这样流速稳定，结果较好。如果颗粒大小不匀，用倾泻法倾去不易沉下的较细颗粒。

(1) 称取凝胶干粉 12.0 g，放入 250 mL 烧杯中，加入过量的蒸馏水，室温浸泡 24 h 或沸水浴浸泡 3 h。

(2) 溶胀平衡后的凝胶用倾泻法除去细小颗粒。方法是用玻璃棒将凝胶搅匀（注意不要过分搅拌，以防止颗粒破碎），放置数分钟，将未沉淀的细颗粒随上层水倒掉，浮洗 3～5 次，至上层没有细颗粒为止。

(3) 将浸泡后凝胶抽干，用洗脱液 300.0 mL 平衡 1 h，减压抽气 10 min 以除去气泡。

2）装柱

(1) 将层析柱垂直装好，在柱内先注入 1/5～1/4 体积的水，底部滤板下段全部充满水，不留气泡，关闭柱出口，出口处接上一根长约 1.5 m、直径为 2 mm 的塑料管，塑料管的另一端固定在柱的上端约 45 cm 处。

(2) 插入一根直径稍小的长玻璃棒，一直到柱的底部。轻轻搅动凝胶（切勿搅动太快，以免空气再进入），使形成均一的薄胶浆，并立即沿玻璃棒倒入层析管内，边灌凝胶，边提升玻璃管，直至充满整个柱时将玻璃管抽出。待底面上积起 1～2 cm 的凝胶床后，打开柱出口。

(3) 随着下面水的流出，上面不断加凝胶，使形成的凝胶床面上有凝胶连续下降。（如果凝胶床面上不再有凝胶颗粒下降，应该用玻璃棒将凝胶床均匀地搅起数厘米高，然后加凝胶，不然就会形成界面，不利于后续的操作。）

(4) 当凝胶沉积到柱的顶端约 5 cm 处，可停止装柱。接着再通过 2～3 倍柱床容积的洗脱液使柱床稳定，然后在凝胶表面上放一片滤纸或尼龙滤布，以防在加样时凝胶被冲起，并始终保持凝胶上端有一段液体。

(5) 新装好的柱要检验其均一性,可用带色的高分子物质,如蓝色葡聚糖-2000(又称蓝色右旋糖,商品名为 Blue Dextran-2000)、红色葡聚糖或细胞色素 c 等配成 2 mg/mL 的溶液过柱,看色带是否均匀下降,或将柱管对着光照方向用眼睛观察,看是否均匀,有无"纹路"或气泡。若层析柱床不均一,必须重新装柱。

3) 平衡

柱装好后,使层析床稳定 15～20 min,然后连接恒压洗脱瓶出口和层析柱顶端,用 3～5 倍体积的洗脱液平衡层析柱,平衡过程中维持操作压在 45 cm 水柱。

4) 上样与洗脱

(1) 上样前先检查凝胶床面是否平整,如果倾斜不平整,可用玻璃棒将床面搅浑,让凝胶自然下降,形成水平状态的床面。用毛细吸管小心吸去大部分清液,然后让液面自然下降,直至几乎露出床面。

(2) 用吸管将样品非常小心地滴加到凝胶床面上,注意不要将床面凝胶冲起。加完后,再打开底端出口,使样品流至床表面。用少量洗脱液同样小心清洗表面 1～2 次,然后将洗脱液在柱内加至约 4 cm 高。

(3) 连接恒压瓶、层析柱、部分收集器,让洗脱液恒压(50 cm 水柱)洗脱,用部分收集器按每管 3 mL 收集洗脱流出液,各收集管于 280 nm 波长处检测 A_{280}。洗脱液应与凝胶溶胀所用液体相同。洗脱用的液体有水(多用于分离不带电荷的中性物质)及电解质溶液(用于分离带电基团的样品,如酸、碱、盐的溶液及缓冲液等)。对于吸附较强的组分,也有使用水与有机溶剂的混合液,如水-甲醇、水-乙醇、水-丙酮等为洗脱剂,可以减少吸附,将组分洗下。

5) 结果与计算

(1) 以管号(或洗脱液体积)为横坐标,相应的 A_{280} 为纵坐标,绘制洗脱曲线。

(2) 根据洗脱峰位置量出每种蛋白质的洗脱体积(V_e),然后以蛋白质相对分子质量的对数值($\lg M_r$)为横坐标,V_e 为纵坐标,作出相对分子质量标准曲线。

(3) 样品完全按照标准曲线的条件操作,根据紫外检测获得的洗脱体积,从相对分子质量标准曲线查出相应的相对分子质量。

6) 蛋白质分离-标准曲线制作

(1) 加样。

打开层析柱下端的弹簧夹,将柱内凝胶床面上部多余的液体放出,当液面距凝胶床面约 1 mm时,夹住弹簧夹。

取 2 mL 标准蛋白质溶液,小心地加到凝胶柱上,打开弹簧夹,使标准蛋白质溶液流入柱内,夹住弹簧夹,上端加入 4～5 cm 高的洗脱液。

(2) 洗脱。

层析柱的上口与洗脱液连接,再次打开层析柱下端的弹簧夹开始洗脱。用部分收集器收集,用紫外检测仪在 280 nm 波长处检测,或收集后用紫外分光光度计测定每管的 A_{280},以管号(或洗脱体积)为横坐标,A_{280} 为纵坐标绘出洗脱曲线。以标准蛋白的 $\lg M_r$ 为横坐标,蛋白质的洗脱体积(V_e)为纵坐标,作出标准曲线。

7) 未知样品相对分子质量的测定

取 2 mL 待测蛋白质溶液,完全按照标准蛋白质溶液的条件操作(特别要求恒定洗脱流速),根据洗脱峰位置,计算洗脱体积。重复测定 1～2 次,取其平均值,由标准曲线可查得样品的相对分子质量。

8) 废弃物处理

(1) 在用洗脱液进行凝胶预处理、装柱以及平衡过程中,可回收洗脱液重复利用。

(2) 上样之后进行洗脱时,若洗脱液为盐溶液,可用水稀释后排入下水道。若洗脱液含有机溶剂(如甲醇等),则应回收至废液桶并做好登记,由实验室联系有资质的处置单位统一回收处理。

5. 要点提示

(1) 根据层析柱的容积和所选用的凝胶溶胀后柱床容积,计算所需凝胶干粉的质量,用将用作洗脱剂的溶液使其充分溶胀。

(2) 层析柱粗细必须均匀,柱管大小可根据试剂需要选择。一般来说,细长的柱分离效果较好。若样品量大,最好选用内径较粗的柱,但此时分离效果稍差。柱管内径太小时,会发生"管壁效应",即柱管中心部分的组分移动慢,而管壁周围的组分移动快。柱越长,分离效果越好,但柱过长,实验时间长,样品稀释度大,分离效果反而不好。

(3) 各接头不漏气,连接用的塑料管不要有破损,否则会造成漏气、漏液。

(4) 装柱要均匀,不要过松也不要过紧,最好也在要求的操作压下装柱。流速不宜过快,避免因此而压紧凝胶。但也不要过慢,使柱装得太松,导致层析过程中,凝胶床高度下降。

(5) 始终保持柱内液面高于凝胶表面,否则水分挥发,凝胶变干。

6. 思维拓展

(1) 与其他测定蛋白质相对分子质量的方法相比,该法有何特点?

(2) 装柱的要点有哪些? 怎样检查柱装得是否均匀? 影响分离效果的主要因素有哪些?

实验 12 SDS-聚丙烯酰胺凝胶电泳法测定蛋白质相对分子质量

1. 实验目的

(1) 学习 SDS-聚丙烯酰胺凝胶电泳法的原理。

(2) 掌握 SDS-聚丙烯酰胺凝胶电泳法测定蛋白质相对分子质量的操作技术。

(3) 强化实验安全意识,培养合作能力。

2. 实验原理

SDS(sodium dodecyl sulfate,十二烷基硫酸钠)是一种很强的阴离子表面活性剂,它以疏水基和蛋白质分子的疏水区相结合,形成牢固的带负电荷的 SDS-蛋白质复合物。SDS-蛋白质复合物具有均一的电荷密度、相同的荷质比。据流体力学等方面的研究推测,SDS-蛋白质复合物呈紧密的椭圆形或棒状结构,棒的短轴是恒定的,与蛋白质的种类无关;棒的长轴是变化的,而且与蛋白质的相对分子质量成正比。这就是说,SDS 和蛋白质结合后所形成的 SDS-蛋白质复合物,消除了天然蛋白质由于分子形状的不同对电泳迁移率的影响。

带电分子电泳迁移率的大小取决于三个方面,即带电荷的多少、相对分子质量的大小和分子的形状。根据上面的分析,SDS 作为变性剂和助溶剂,它能断裂分子内和分子间的氢键,使分子去折叠,破坏蛋白质分子的二、三级结构。而强还原剂(如巯基乙醇、二硫苏糖醇)能使半胱氨酸残基间的二硫键断裂。在样品和凝胶中加入还原剂和 SDS 后,分子被解聚成多肽链,解聚后的氨基酸侧链和 SDS 结合成蛋白-SDS 胶束,所带的负电荷大大超过了蛋白质原有的电荷量,这样就消除了不同分子间的电荷差异和结构差异。SDS 和蛋白质结合后使其电泳迁移率的大小仅取决于蛋白质相对分子质量的大小,所以,各种 SDS-蛋白质复合物在电泳中的迁移率不再受原有电荷和形状的影响,而只是按照分子的大小由凝胶的分子筛效应进行分离,其有效迁移率与相对分子质量的对数呈线性关系,这样就可以根据标准蛋白质相对分子质量的对数和迁移率所作的标准曲线得出未知样品蛋白质的相对分子质量。

3. 试剂与器材

1)试剂

(1) 10% SDS溶液:取SDS 1.0 g,加去离子水至10 mL,混匀。

(2) 30%Acr-Bis储存液:取Acr 30.0 g、Bis 0.8 g,用去离子水溶解后定容至100 mL,过滤去除不溶物后置于棕色瓶内,4 ℃下可保存1~2个月。

(3) TEMED。

(4) 10%过硫酸铵(AP)溶液:取过硫酸铵1.0 g,加水到10 mL。临用前配制。

(5) pH 8.8分离胶缓冲液(Tris-HCl缓冲液):取1 mol/L HCl溶液48.0 mL、Tris 36.3 g,用去离子水溶解后定容至100 mL。

(6) pH 6.8浓缩胶缓冲液(Tris-HCl缓冲液):取1 mol/L HCl溶液48.0 mL、Tris 5.98 g,用去离子水溶解后定容至100 mL。

(7) pH 8.3电泳缓冲液(Tris-甘氨酸缓冲液):取Tris 6.0 g、甘氨酸28.8 g,加去离子水溶解后定容至1000 mL。用时稀释10倍。

(8) 上样缓冲液:取浓缩胶缓冲液6.25 mL、蔗糖10.0 g、SDS 2.3 g、0.1%溴酚蓝溶液(样品示踪染料)10.0 mL,加去离子水至100 mL。

(9) 染色液:取考马斯亮蓝R_{250} 0.5 g,加95%乙醇90.0 mL、冰乙酸20.0 mL、蒸馏水90.0 mL,混匀备用。

(10) 脱色液:取95%乙醇90.0 mL、冰乙酸20.0 mL、蒸馏水90.0 mL,混匀备用。

(11) 标准相对分子质量蛋白质溶液:2 mg/mL,相对分子质量分布范围要能满足要求。

(12) 人或动物血清样品。

2)器材

直板电泳槽及附件、直流稳压电源(600 V,100 mA)、注射器(10 mL)、微量进样器(100 μL)、吸量管、烧杯、细长头的滴管、微量注射器、培养皿。

4. 实验步骤

1)电泳槽的安装

同实验10。

2)制胶(约30 min)

(1) 按表12-1配制分离胶(12%)。

目前用于PAGE的凝胶贮液有30%Acr-Bis及28%Acr-Bis两种,以它们为母液可配制不同浓度的分离胶。如需制备浓度大于10%的凝胶,则提高Acr浓度,以减少用量并相应增加凝胶贮液体积,最后以蒸馏水补足至20 mL。

表12-1 制备分离胶

试剂名称	分离胶缓冲液	Acr-Bis储备液	蒸馏水	TEMED	SDS溶液	过硫酸铵溶液
用量/mL	1.3	2.0	1.6	0.002	0.05	0.05

小烧杯中混匀后立即灌胶(电泳槽微倾)→灌至距短玻璃片顶端2 cm→放平电泳槽,立即用滴管覆盖水层→界面二次出现时,静置将水倒出(余下的水用滤纸片吸干)。

(2) 按照表 12-2 配制浓缩胶(5%)。

表 12-2　制备浓缩胶

试剂名称	浓缩胶缓冲液	Acr-Bis 储备液	蒸馏水	TEMED	SDS 溶液	过硫酸铵溶液
用量/mL	0.25	0.33	1.4	0.002	0.02	0.02

混合均匀后立即灌胶,同分离胶的灌胶方法,灌至与短玻璃片顶端相齐时,立即插入梳子。

(3) 向电泳槽内倒入电极缓冲液,短玻璃片一侧没过顶端,长玻璃片没过电极丝,小心拔梳子,准备点样。

3) 样品的处理(约 15 min)

Marker 市售标准样品按要求处理。

待测样品为血清蛋白初步提取的凝胶过滤脱盐实验所获峰值管制备的 SDS-PAGE 样品。将上述样品均置于沸水浴中加热 5 min,冷却上样。上样量:Marker 20 μL;待测样品梯度上样,4 μL、10 μL、20 μL、30 μL、50 μL。

4) 电泳(约 2.5 h)

取稳流状态,浓缩胶 15 mA,分离胶 20 mA(注意电压)。特别注意溴酚蓝前缘指示剂不能跑丢。

5) 检测(约 2.5 h)

取胶板置于水中浸泡 10 min→胶板置于染色液中加热 2 h(通风橱中)→脱色液脱色至条带清楚→观察结果。

6) 测量蛋白质分子的迁移率和未知样品的相对分子质量

将溴酚蓝迁移距离定为 d_1,蛋白质迁移距离定为 d_2,根据下面的公式计算各种蛋白质的迁移率(R_m):

$$R_m = d_2 / d_1$$

以标准蛋白质迁移率为横坐标,对应的相对分子质量为纵坐标,在半对数坐标纸上作图,得到一条直线。根据未知样品的迁移率,在直线上查出对应的相对分子质量,注意纵坐标原点的选择。

7) 废弃物处理

(1) 制备凝胶时剩余的溶液应回收至废液桶并做好登记,由实验室联系有资质的处置单位统一回收处理。

(2) 凝胶应装入专用垃圾袋,集中做无害化处理。

(3) 脱色液可加入活性炭做脱色处理之后,过滤回收,重复利用。

5. 要点提示

(1) 制备凝胶时应选用高纯度的试剂,否则会影响凝胶聚合与电泳效果。

Acr-Bis 储备液在保存过程中,由于水解作用而形成丙烯酸和 NH_3,虽然溶液放在棕色试剂瓶中,4 ℃下储存能部分防止水解,但也只能储存 1～2 个月,可通过测 pH 值(4.9～5.2)来检查试剂是否失效。

(2) 如果与凝胶聚合有关的硅橡胶条、玻璃板表面不光滑洁净,在电泳时会造成凝胶板与玻璃板或硅橡胶条剥离,产生气泡或滑胶,剥胶时凝胶板易断裂。为防止此现象,所用器材均应严格地清洗。硅橡胶条的凹槽、样品槽模板及电泳槽,用泡沫海绵蘸取"洗洁精"仔细清洗。玻璃板浸泡在重铬酸钾洗液 3～4 h 或 0.2 mol/L KOH 的酒精溶液中 20 min 以上,用清水洗净。

再用泡沫海绵蘸取“洗洁精”反复刷洗。最后用蒸馏水冲洗,直接阴干或用乙醇冲洗后阴干。

(3) 用本方法测定蛋白质相对分子质量时,样品上样量不宜过多,以免出现过载现象。

6. 思维拓展

(1) 在不连续体系 SDS-PAGE 中,当分离胶加完后,需在其上加一层水,为什么?

(2) 在不连续体系 SDS-PAGE 中,分离胶与浓缩胶中均含有 TEMED 和 AP,试述其作用。

(3) 样品液为何在加样前需在沸水中加热几分钟?

(4) 测定蛋白质相对分子质量时,为什么必须同时作标准曲线,而不能作一次标准曲线多次利用?

实验 13　蛋白质印迹(Western-Blotting)

1. 实验目的

(1) 学习蛋白质印迹的基本原理。

(2) 掌握蛋白质印迹的操作技术。

(3) 强化实验安全意识,培养合作能力。

2. 实验原理

蛋白质印迹(Western-Blotting)是把经过 PAGE 分离的蛋白质样品转移到固相载体(例如硝酸纤维素薄膜)上,通过特异性试剂(抗体)作为探针,对靶物质进行检测的技术。蛋白质印迹包括三部分实验:SDS-聚丙烯酰胺凝胶电泳、蛋白质的电泳转移(电转换)、免疫印迹分析。

1) SDS-聚丙烯酰胺凝胶电泳(SDS-PAGE)

SDS 是阴离子去污剂,它能断裂蛋白质分子内和分子间的氢键,使分子去折叠,破坏蛋白质分子的二、三级结构。SDS-PAGE 根据蛋白质亚基相对分子质量的不同而分离蛋白质。蛋白质亚基的电泳迁移率主要取决于亚基相对分子质量的大小,电荷因素可以忽略。同时,它可与蛋白质结合形成 SDS-蛋白质复合物。SDS 与大多数蛋白质结合的质量比为 1.4∶1,由于 SDS 带大量负电荷,当其与蛋白质结合时,所带的负电荷大大超过了蛋白质原有的电荷量,这样就消除了不同分子间的电荷差异和结构差异,使各种蛋白质带有相同密度的负电荷。SDS-蛋白质复合物在水溶液中的形状为近似于雪茄烟的长椭圆棒形,SDS-蛋白质复合物的长度与其相对分子质量成正比。

2) 蛋白质的电转移

SDS-PAGE 有很好的分辨率和广泛的应用,但进一步对胶上蛋白质进行免疫检测分析会受到限制,因为电泳后大部分蛋白质分子被嵌在凝胶介质中,探针分子很难通过凝胶孔到达它的目标,将蛋白质从凝胶上转移到固定基质上可以克服这些问题。

常用的蛋白质转移为电转移,其方法有 2 种:①水平半干式转移:将凝胶夹层组合放在吸有缓冲液的滤纸之间,通过滤纸上吸附的缓冲液传导电流,起到转移的效果。因为电流直接作用在膜胶上,所以其转移条件比较严酷,但是其转移时间短,效率高。②垂直湿式转移:将凝胶和固定基质夹在滤纸中间,浸在转移装置的缓冲液中,通电 2~4 h 或过夜可完成转移。

固定基质通常有硝酸纤维素膜(NC 膜)、聚偏二氟乙烯膜(PVDF 膜)和尼龙膜。其中 PVDF 膜具有更好的蛋白质吸附性能、物理强度,以及更好的化学兼容性,有 2 种规格:Immobilon-P (0.45 μm)和 Immobilon-PSQ(0.2 μm)。

3）免疫印迹分析

蛋白质转移到固定化膜上以后，用蛋白质染料来检测膜上的总蛋白，验证转移是否成功。有两类染色液可供选择，即可逆的和不可逆的。可逆的有 Ponceau S（丽春红 S）、Fastgreen FC、CPTS 等，这类染料染色后，色素可以被洗掉，膜可以用于进一步的分析。但是不可逆的染料，如考马斯亮蓝、India ink、氨基黑 10B 等，染色后膜就不能用于进一步的分析。但若想检测出其中的抗原蛋白，则需用抗体作为探针来进行特异性的免疫反应，这种方法称为免疫印迹分析。典型的免疫印迹分析实验包括以下 4 个步骤（图 13-1）。

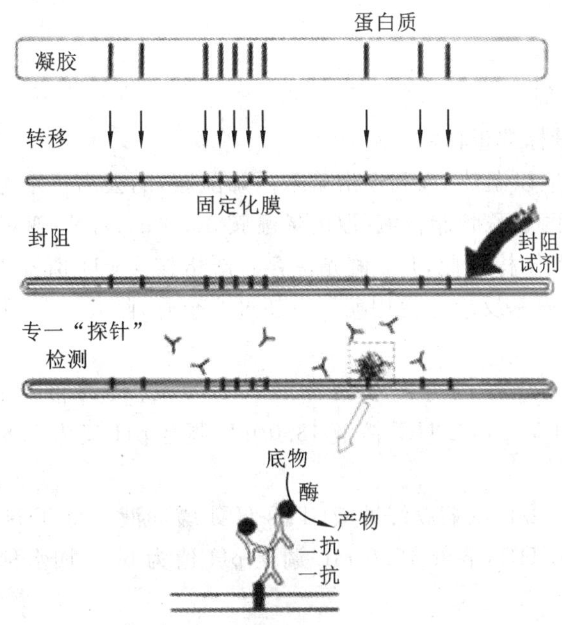

图 13-1　蛋白质印迹（Western-Blotting）示意图

（1）封阻（block）。为了使抗体只能跟特异的蛋白质结合而不是和膜结合，用非特异性、非反应活性分子封阻固定化膜上未吸附蛋白质的自由结合区域，以防止作为探针的抗体结合到膜上，检测时出现高背景。常用的封闭液有 bovine serum albumin（BSA）、non-fat milk、casein、gelatin、Tween-20 等，一般用 non-fat milk。在转移结束前配好 5%的 non-fat milk（用 TBS-T 溶解）。转移结束后将膜放入 non-fat milk 中封阻（一定要放在干净的容器里，避免污染而且要足以覆盖膜）。

（2）靶蛋白与一抗的反应。固定化膜用专一性的一抗温育，使一抗与膜上的抗原蛋白分子特异性结合。先将需要检测的抗体准备好，并决定好它们的稀释度。配好 5%的 non-fat milk（用 TBS-T 溶解），按要求稀释好抗体。注意，如需高比例稀释，最好采用梯度稀释。将稀释好的抗体和膜一起孵育。一般孵育 1 h，可根据抗体量和膜上抗原量适当延长或缩短时间。一抗孵育结束后，用 PBS-T 或 TTBS 漂洗膜后再浸洗 3 次，每次 5～10 min。注意：为了便于后面分析，一般会选用已确定相对分子质量而且纯度高的抗体作为 Marker 与一抗同时孵育。

（3）酶标二抗与一抗的特异性结合。根据一抗来源选择合适的二抗，按相应比例稀释（1∶（1000～10000）），室温轻摇 1 h。注意二抗的选择有多种，要根据一抗来选择抗兔、抗鼠或抗羊的二抗，以及根据后面的显色条件来选择 HRP、AP 或 GOD（葡萄糖氧化酶）标记的二抗或标志其他探针（如核素等）的二抗。孵育结束后，用 PBS-T 或 TTBS 漂洗膜后再浸洗 3

次,每次 5～10 min。

(4) 显色。加入酶底物,适当保温后,膜上产生可见的、不溶解的颜色反应,抗原蛋白区带被检测出来。一般使用 HRP-ECL 发光法:将 A、B 发光液按比例稀释混合。膜用去离子水稍加漂洗,滤纸贴角吸干,反贴法覆于 A、B 混合液滴上,熄灯至可见淡绿色荧光条带(5 min 左右)后滤纸贴角吸干,置于保鲜膜内固定于片盒中,迅速盖上胶片,关闭胶盒,根据所见荧光强度曝光。取出胶片后立即完全浸入显影液中 1～2 min,清水漂洗一下后放在定影液中至底片完全定影,用清水冲净、晾干,标定 Marker,进行分析与扫描。

3. 试剂与器材

1) 试剂

(1) SDS-PAGE 试剂。

① 低相对分子质量标准蛋白质。

② 30%丙烯酰胺:应以温热(以利于溶解双丙烯酰胺)的去离子水配制含有 30%丙烯酰胺和 0.8% N,N′-亚甲双丙烯酰胺储备液(取丙烯酰胺 30.0 g、N,N′-亚甲叉双丙烯酰胺 0.8 g,加蒸馏水至 100 mL),贮于棕色瓶,4 ℃避光保存。严格核实 pH 值不得超过7.0,因为 pH 值超过 7.0 时可以发生脱氨基反应。使用期不得超过 2 个月,隔几个月须重新配制。如有沉淀,可以过滤。

③ pH 8.8 1.5 mmol/L 的分离胶缓冲液(Tris-HCl 缓冲液):将 Tris 18.15 g 溶于 40.0 mL蒸馏水中,用约 1 mol/L HCl 溶液 48.0 mL 调至 pH 值为 8.8,加蒸馏水稀释到 100 mL,过滤后 4 ℃保存。

④ pH 6.8 0.5 mmol/L 浓缩胶缓冲液(Tris-HCl 缓冲液):将 Tris 6.05 g 溶于 40.0 mL 蒸馏水中,用约 1 mol/L HCl 溶液 48.0 mL 调至 pH 值为 6.8,加水稀释到 100 mL,过滤后 4 ℃保存。

⑤ SDS-PAGE 加样缓冲液:取 pH 6.8 0.5 mol/L Tris-HCl 缓冲液 8.0 mL、甘油 6.4 mL、10% SDS 溶液 12.8 mL、巯基乙醇 3.2 mL、0.05%溴酚蓝溶液 1.6 mL、蒸馏水 32.0 mL,混匀备用。按 1∶1 或 1∶2 比例与蛋白质样品混合,在沸水中煮 3 min,混匀后再上样,一般上样量为 20～25 μL,总蛋白量为 100 μg。

⑥ 10×蛋白质电泳缓冲液:取 Tris 30.0 g、甘氨酸 1.44 g、SDS 10.0 g,加蒸馏水至 1 L。

⑦ 10%过硫酸铵(AP)溶液:取过硫酸铵 1.0 g,加重蒸水至 10 mL,现配现用。

⑧ TEMED。

⑨ 蛋白质染色液:0.4%考马斯亮蓝 G_{250}、5%冰乙酸、50%甲醇。

⑩ 脱色液:甲醇 25.0 mL、冰乙酸 25.0 mL 和蒸馏水 200.0 mL 混合。

(2) 蛋白质的电转移试剂。

① 水平半干式电转移:正极转移液按电泳缓冲液、甲醇、重蒸水 7∶2∶1(体积比)配制;负极转移液按电泳缓冲液、重蒸水 1∶9(体积比)配制。

② 垂直湿式电转移缓冲液:25 mmol/L Tris、192 mmol/L 甘氨酸、20%甲醇。

(3) 免疫印迹分析试剂。

① 10×TBS 缓冲液(0.2 mol/L Tris、0.68 mol/L NaCl):Tris 24.2 g、NaCl 40.0 g 溶于重蒸水 800.0 mL,用 1 mol/L HCl 溶液调 pH 值至 7.6,然后定容至 1000 mL。灭菌后室温放置,用前稀释 10 倍。

② 丽春红 S 染色液:丽春红 S 0.2 g、三氯乙酸 3.0 g 和磺基水杨酸 3.0 g 溶于蒸馏水,定

容至 100 mL。

③ 丽春红 S 脱色液：取 NaCl 0.8 g、KCl 0.02 g、$Na_2HPO_4 \cdot 12H_2O$ 0.25 g、KH_2PO_4 0.02 g、Tween-20 0.1 mL，溶于蒸馏水并定容至 100 mL。

④ 封闭液：5% non-fat milk 溶于 1×TBS-T 中。

⑤ 漂洗液：Tween-20 溶于 1×TBS 缓冲液至浓度为 1%。

⑥ 一抗。

⑦ 酶标二抗。

2）器材

垂直板电泳槽、电泳仪、真空干燥器、真空泵、水平半干式电转移装置或垂直湿式电转移装置、水平摇床、移液枪、移液管、微量加样器、细长头滴管、培养皿（12～16 cm）、烧杯、剪刀、镊子、刀片、NC 膜、滤纸、乳胶手套。

4. 实验步骤

1）SDS-PAGE

（1）安装垂直板电泳槽。

同实验 10。

（2）蛋白质样品的处理。

将未知蛋白质样品溶于样品溶解液，终浓度为 0.5～1 mg/mL。然后转移到带塞小离心管中，轻轻盖上盖子（不要塞紧，以免加热时液体迸出），在 100 ℃沸水浴中加热 3 min，取出冷却后备用。如果处理好的样品暂时不用，可以放在－20 ℃冰箱中长期保存，使用前在 100 ℃沸水浴中加热 3 min，以除去亚稳聚合态物质。

（3）电泳。

① 配制 12%的 SDS-PAGE 电泳分离胶（具体配制方法见表 13-1），并向液面上缓慢加入重蒸水，加水液封时要很慢，使胶面保持平齐，并确认无漏胶现象。完全凝固后（至少30 min），缓慢倒出胶上层的水，用吸水纸吸干，注意勿碰胶面。

② 在上方灌制 5%的浓缩胶，聚合约需 30 min，在浓缩胶凝固的过程中要经常在两边补胶。拔梳后立即冲洗加样孔。配制 1×蛋白质电泳缓冲液。

③ 取蛋白质样品约 20.0 μg，上样缓冲液 5.0 μL（上样缓冲液应现用现配），混匀，于沸水浴中变性 5 min，立即置于冰上冷却。

④ 离心后上样，打开直流稳压电源，设定电压为 100 V，待溴酚蓝指示剂迁移到凝胶下缘 1 cm 时停止电泳。具体电压与时间根据目的蛋白质相对分子质量大小应有所调整。

表 13-1　SDS-PAGE 凝胶的配制

	电　泳　胶	
	12%分离胶	5%浓缩胶
30%凝胶储备液体积/mL	2.0	0.33
Tris-HCl 缓冲液体积/mL	1.3(pH 8.8)	0.25(pH 6.8)
10% SDS 溶液体积/mL	0.05	0.02
重蒸水体积/mL	1.6	1.4
TEMED 体积/mL	0.002	0.002
10% AP 溶液体积/mL	0.05	0.02
总体积/mL	约 5	约 2

2) 样品的电转移(可以选用水平半干式或垂直湿式)

(1) 水平半干式电转移。

① 准备滤纸：戴乳胶手套裁剪滤纸 6 张，滤纸长与宽比 SDS-PAGE 胶各大 1 cm。

② 裁剪与 SDS-PAGE 胶长宽相等的 NC 膜。

③ 将 3 张滤纸和电泳完毕的 SDS-PAGE 凝胶浸在负极转移液中待用。

④ 将另 3 张滤纸和 NC 膜浸在正极转移液中待用。

⑤ 按图 13-2 所示，将步骤③中的滤纸取出，尽量少带液体，置于转移槽负极上(下方的石墨电极板上)，然后在负极滤纸上依次铺放 SDS-PAGE 凝胶、NC 膜、3 张用正极转移液饱和的滤纸。要注意排除凝胶和湿滤纸、NC 膜和凝胶、湿滤纸和 NC 膜之间的所有气泡，因为气泡会产生高阻抗点，形成低效印迹区，即所谓“秃斑”。

⑥ 盖上石墨阳极板(上极)，设定 50 mA 恒流，转移 15 min(6 cm × 8 cm SDS-PAGE 凝胶的工作条件)。

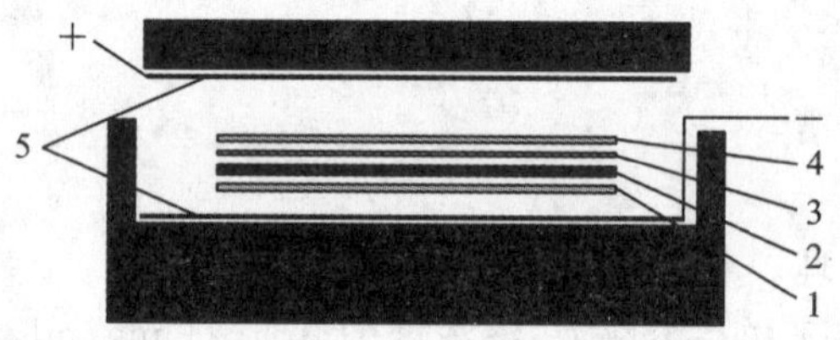

图 13-2　水平半干式电转移装置

1. 滤纸；2. 凝胶；3. NC 膜；4. 滤纸；5. 电极

(2) 垂直湿式电转移。

① 按分离胶的大小(可估计目的蛋白质所在位置进行裁减)，剪一张同样大小的 PVDF 膜，12 张 Whatman 3＃滤纸，滤纸四边各小于膜 2～3 mm。切滤纸和膜时一定要戴手套。PVDF 膜的厚度应根据目的蛋白质的相对分子质量大小进行调整。(相对分子质量在 20000 以下用 0.22 μm，20000 以上用 0.45 μm。)

② 在分离胶上剪掉一角，从而确定方向。并将 SDS-PAGE 胶在电转移缓冲液中浸泡 30 min。同时将海绵、滤纸浸泡于电转移缓冲液中。

③ 将 PVDF 膜在甲醇中浸泡 1～3 min，然后置于水中 1～2 min，最后转到电转移缓冲液中浸泡几分钟。

④ 在湿转的夹子的黑色一面(负极)依次放一块海绵、6 张滤纸、SDS-PAGE 胶、PVDF 膜、6 张滤纸和另一块海绵。这个过程中保持所有组件湿润非常重要。用一支玻璃试管在上面滚动赶出气泡，以便使滤纸、硝化纤维和胶充分接触。

⑤ 将夹子放入转移槽中，使夹子的黑面对槽的黑面，夹子的白面对槽的红面。在槽的一边放一块冰来降温。20 V 转膜 3 h。注意转膜时间与电压需根据实际情况进行调整。

3) 免疫印迹分析

(1) NC 膜上总蛋白的染色和脱色。

电转移完毕，用镊子小心取出 NC 膜，置于培养皿中。用丽春红 S 染色液染色 3 min 后，用铅笔轻轻标出标准蛋白质带的位置，以备计算特异性蛋白质相对分子质量。然后，用丽春红 S 脱色液轻轻漂洗数次至红色消失。

(2) 特异性抗体检测。

① 脱色后的 NC 膜置于培养皿中，加入 5% 封闭液室温封闭，并在水平摇床上不断振摇，室温下封闭 2 h 或 4 ℃过夜。

② 倒出阻断液，用 TBS-T 洗膜，在水平摇床上不断振摇，洗膜 3 次，每次 5 min。

③ 用 5%封闭液稀释一抗，室温孵育 PVDF 膜 1 h 或 4 ℃过夜。

④ 利用水平摇床，用 TBS-T 洗膜，洗膜 3 次，每次 5 min。

⑤ 用 5%封闭液稀释二抗，室温孵育 1 h。

⑥ 利用水平摇床，用 TBS-T 洗膜，洗膜 3 次，每次 5 min。

(3) 杂交信号检测。

① 倒掉清洗溶液，吸干膜上多余的清洗液。

② 按 1∶1 的比例混合 ECL 试剂盒中的 A 液和 B 液，然后以 0.125 mL/cm^2 加至膜的蛋白质面(每泳道约 40 μL)，在室温下避光放置 5 min。

③ 吸去膜上多余 ECL，用保鲜膜包好，放入 X 光片夹中。

④ 在暗室中，将 1× 显影液和定影液分别倒入塑料盘中。

⑤ 在红灯下取出 X 光片，用切纸刀剪裁适当大小(长和宽比膜的各大 1 cm)；把 X 光片放在膜上，一旦放上，便不能移动，关上 X 光片夹，曝光 1～2 min，也可选择不同时间多次压片，以达到最佳效果；曝光完成后，取出 X 光片，迅速浸入显影液中显影，待出现明显条带后，即刻终止显影。显影时间一般为 1～2 min(20～25 ℃)，温度过低时(低于 16 ℃)需适当延长显影时间；显影结束后，马上把 X 光片浸入定影液中，定影时间一般为 5～10 min，直至胶片透明为止；用自来水冲去残留的定影液后，室温下晾干。注意：根据信号的强弱适当调整曝光时间；显影和定影需移动胶片时，尽量拿胶片一角。

4) 废弃物处理

(1) 制备凝胶时剩余的溶液以及凝胶染色、脱色后的废液应回收至废液桶并做好登记，分类存放，由实验室联系有资质的处置单位统一回收处理。

(2) 凝胶应装入专用垃圾袋集中做无害化处理。

5. 要点提示

1) SDS-PAGE 要点

(1) 制备凝胶应选用高纯度的试剂，否则会影响凝胶聚合与电泳效果。

(2) 据未知样品的估计相对分子质量选择凝胶浓度，不同浓度的凝胶用于分离不同相对分子质量的蛋白质(表 13-2)。

表 13-2　蛋白质相对分子质量范围与凝胶浓度的关系

蛋白质相对分子质量范围	适用的凝胶浓度/(%)
$<10^4$	20～30
1×10^4～$<4\times10^4$	15～<20
4×10^4～$<1\times10^5$	10～<15
1×10^5～$<5\times10^5$	5～<10
$>5\times10^5$	2～<5

(3) 蛋白质液体中的 β-巯基乙醇为强还原剂，能还原二硫键，使蛋白质解离成亚基。因此，对于多亚基蛋白质或含多条肽链的蛋白质，SDS-PAGE 只能测定它们的亚基或单条肽链的相对分子质量。

(4) 不是所有的蛋白质都能用 SDS-PAGE 测定其相对分子质量。已发现电荷异常或构象异常的蛋白质、带有较大辅基的蛋白质(如某些糖蛋白)以及一些结构蛋白(如胶原蛋白等)用这种方法测定出的相对分子质量是不可靠的。

2) 蛋白质的电转移实验要点

(1) 固定化膜的选择是影响电转移效率的重要因素。固定化膜种类比较多,不同的膜与蛋白质的结合效率不同,对免疫印迹分析的灵敏度和背景信号影响也很大。PVDF 膜在用于蛋白质印迹时,载样量大,灵敏度和分辨率都较高,蛋白质转移到 PVDF 膜后可以直接进行微量序列分析,但与 NC 膜相比,PVDF 膜价格较高。

(2) 电场强度不同、蛋白质种类不同,则需要转移的时间也不同。电转移的效果可以通过以下方法检查:①对电转移后的凝胶染色,检查是否还有蛋白质残留;②染色 NC 膜,检查是否吸附了蛋白质;③电转移时将两片 NC 膜叠放,转移后染色,检查是否有蛋白质穿过第 1 层膜,吸附在第 2 层膜上。

(3) 如检测大相对分子质量蛋白质,应该使用低浓度的 SDS-PAGE,这样可以提高蛋白质电转移的效率。

3) 免疫反应实验要点

(1)用于 NC 膜上总蛋白染色的染料很多,如丽春红 S、India ink、氨基黑和胶体金等,其中丽春红 S 染色十分方便,因为丽春红 S 染色是短暂可逆的,染色后很容易褪色,不影响随后的免疫显色反应。

(2)实验中若发现背景过高,可以用以下方法解决:延长 NC 膜封阻时间;使用更有效的阻断剂,如卵清蛋白、non-fat milk、明胶和其他动物的血清等;降低一抗和二抗工作浓度。

(3)抗体的浓度对实验结果影响比较大。可根据一抗和酶标二抗的效价,调整抗体的使用浓度。

(4)二抗的种类很多,目前常用的酶标二抗有碱性磷酸酶(AP)标记 IgG、辣根过氧化物酶(HRP)标记 IgG、AP 或 HRP 标记 Biotin-Avidin 复合体系、酶标 Protein A 或 Protein G 体系以及 ^{125}I 标记 IgG 等。复杂的体系具备较高的灵敏度,但可能产生非特异性反应,可根据印迹要求进行选择。

(5)针对不同的酶标体系要使用不同的显色底物,如 AP 底物为 NBT/BCIP,HRP 底物为 DAB。目前还有化学发光底物,灵敏度非常高,许多实验已经开始使用。

(6)蛋白质印迹分析中必须设计对照实验,严格鉴别假阳性反应。具体方法是使用免疫前血清为阴性对照;如果使用单克隆抗体,应该以无关的单克隆抗体为阴性对照,同时要以抗原为绝对的阳性对照,准确确定阳性条带的位置。

6. 思维拓展

(1) 简述 SDS-PAGE 测定蛋白质相对分子质量的原理。

(2) 综合分析影响 NC 膜上特异性谱带检测结果的因素。

(3) 如何严格地设计蛋白质印迹分析中的对照实验?如何判断假阳性?

第三节　设计性实验

实验 14　细胞色素 c 的提取制备与含量测定

1. 实验目的

(1) 通过细胞色素 c 的提取,掌握层析、盐析、沉淀和透析等常用生物大分子提取、纯化技术的原理、操作以及在科学研究中的应用。

（2）通过细胞色素 c 含量的测定，掌握标准曲线制作和回归方程建立的方法。

（3）通过查阅文献资料，设计实验方案，组织课堂讨论，优化实验方案，并通过具体实验操作，检验实验方案的可行性和正确性，使学生了解科学研究的一般程序。

2. 教学设计与安排

1）教学准备（1 周）

（1）学生查阅文献了解细胞色素 c 提取、纯化和检测的研究概况，设计详细的实验方案。

（2）在教师指导下，讨论实验方案的可行性，并确定实验方案。

（3）购买实验样品，配制试剂，调试仪器设备。

2）教学过程

学生可以自主安排实验时间。

3）建议

一个设计性实验常由多层次实验内容构成，教师指导学生合理安排实验程序，有效进行实验。

4）讨论

（1）讨论实验过程中遇到的问题和解决方案。

（2）讨论选择实验材料的研究背景和意义。

（3）以小论文的形式撰写实验报告。

3. 考核方式

1）过程性评价

对实验设计方案、实验记录、学生出勤情况、实验态度等方面进行全面评价。

2）成果性评价

对撰写的小论文和小组汇报质量进行评价。

3）技能性评价

对技能操作考试、实验现象观察、实验数据处理和自学能力等方面进行综合评价。

4. 试剂与器材

1）材料

新鲜或冰冻猪心。

2）试剂

（1）2 mol/L H_2SO_4 溶液。

（2）1 mol/L 氨水。

（3）0.2% NaCl 溶液。

（4）25%$(NH_4)_2SO_4$ 溶液：100 mL 溶液中含$(NH_4)_2SO_4$ 25.0 g（约为 25 ℃ 40%的饱和度）。

（5）20%三氯乙酸（TCA）溶液。

（6）人造沸石（$Na_2O \cdot Al_2O_3 \cdot xSiO_2 \cdot yH_2O$）：60～80 目。

（7）80 mg/mL 细胞色素 c 标准溶液。

（8）连二亚硫酸钠（$Na_2S_2O_4 \cdot 2H_2O$）。

（9）12% $BaCl_2$ 试剂：称取 $BaCl_2$ 12.0 g，溶于 100.0 mL 蒸馏水中。

（10）5% $AgNO_3$ 溶液。

(11) 0.06 mol/L Na_2HPO_4-0.4 mol/L NaCl 溶液。

3) 器材

组织捣碎机、电磁搅拌器、低速离心机(3000 r/min)、层析柱(1.5 cm×30 cm)、烧杯(2000 mL、1000 mL、500 mL、400 mL、200 mL)、量筒、透析袋、可见光分光光度计、刻度吸管、纱布、玻璃棒、玻璃漏斗、移液管、阳离子交换树脂(Amberlite IRC-50-NH_4^+ 型)。

5. 实验步骤

1) 细胞色素 c 的提取

(1) 材料处理:取新鲜或冰冻猪心,除去脂肪和韧带,用水洗去积血,将猪心切成小块,放入绞肉机绞碎。

(2) 提取:称取绞碎的猪心 500.0 g,放入 2000 mL 烧杯中,加蒸馏水 1000 mL,在电动搅拌器搅拌下以 2 mol/L H_2SO_4 调 pH 值至 4.0(此时溶液呈暗紫色),在室温下搅拌提取 2 h,在提取过程中,使抽提液的 pH 值保持在 4.0 左右。在即将提取完毕,停止搅拌之前,以 1 mol/L氨水调 pH 值至 6.0,停止搅拌。用八层普通纱布挤压过滤,收集滤液。滤渣中加入 750 mL 蒸馏水,再按上述条件提取 1 h,两次提取液合并。

(3) 中和:用 1 mol/L 氨水将上述提取液 pH 值调至 7.2(此时,等电点接近 7.2 的一些杂蛋白质溶解度小,从溶液中沉淀出来),静置 30～40 min 后过滤,所得滤液准备用人造沸石进行吸附。

(4) 吸附与洗脱:每组取大约 60 mL 过滤液,利用人造沸石容易吸附细胞色素 c,吸附后能被 25%硫酸铵洗脱下来的特性将细胞色素 c 与其他杂蛋白质分开。具体操作如下:

① 人造沸石的预处理:称取人造沸石 5 g,放入 500 mL 烧杯中,加水搅拌,用倾泻法除去 12 s 内不下沉的过细颗粒。

② 吸附:将样品加至盛有人造沸石的小烧杯中,人造沸石吸附物质后逐渐由白色变为红色,吸附后的溶液呈黄色或微红色。

③ 洗涤:吸附完毕,倒去溶液,将红色人造沸石取出,放入 500 mL 烧杯中,先用自来水,后用蒸馏水轻轻搅拌洗涤至水清,再用 50 mL 0.2% NaCl 溶液分 3 次洗涤沸石,再用蒸馏水洗至水清。

④ 洗脱:用 25%硫酸铵溶液洗脱,轻轻搅拌,收集含有细胞色素 c 的红色洗脱液,经过几次洗脱后(每次洗脱以盖过沸石为宜),洗脱液红色开始消失时,即洗脱完毕。人造沸石可再生使用。

(5) 盐析:为了进一步提纯细胞色素 c,在上面收集的洗脱液中,加入固体硫酸铵(按每 100 mL 洗脱液加入 20 g 固体硫酸铵的比例,使溶液硫酸铵的饱和度为 45%),边加边搅拌,放置 30 min 后,杂蛋白质便从溶液中沉淀析出,而细胞色素 c 仍留在溶液中,用滤纸(或离心)除去杂蛋白质,即得红色透亮细胞色素 c 溶液。

(6) 三氯乙酸沉淀:向所得透亮溶液中加入 20%三氯乙酸(2.5 mL 三氯乙酸/100 mL 细胞色素 c 溶液),搅拌,细胞色素 c 立即沉淀出来(沉淀出来的细胞色素 c 属可逆变性),立即用 3000 r/min 的转速离心 15 min(或 8000 r/min 离心 5 min),收集沉淀。加入少许蒸馏水,用玻璃棒搅拌,使沉淀溶解。

(7) 透析:将沉淀的细胞色素 c 溶解于少量的蒸馏水后,装入透析袋,在 500 mL 烧杯中对蒸馏水进行透析除盐(电磁搅拌器搅拌),15 min 换水一次,换水 3～4 次后检查透析外液 SO_4^{2-} 是否已被除净。检查方法:取 2 mL $BaCl_2$ 溶液于试管中,滴加 2～3 滴透析外液至试管中，若出现白色沉淀，表示 SO_4^{2-} 未除净，反之，说明透析完全，将透析液过滤，即得细胞色素 c 制品。

2) 细胞色素 c 的含量测定

所得制品是还原型细胞色素 c 水溶液，在波长 520 nm 处有最大吸收峰，根据这一特性，用分光光度计先作出一条标准细胞色素 c 浓度和对应的吸光度值的标准曲线，然后根据测得的待测样品溶液的光密度值，就可以由标准曲线求出待测样品中细胞色素 c 的含量。具体操作如下：

(1) 标准曲线的绘制：取 1 mL 标准品(81 mg/mL)，稀释至 25 mL，分别取 0.2 mL、0.4 mL、0.6 mL、0.8 mL、1.0 mL，置于 5 支试管中，每管补加蒸馏水至 4 mL，并加少许连二亚硫酸钠作还原剂，然后在 520 nm 处测各管的吸光度值，以浓度为横坐标，吸光度值为纵坐标，作出标准曲线图。

(2) 样品测定：取 1 mL 样品，稀释适当倍数，再加少许连二亚硫酸钠(3～5 mg，检测前加入)，在波长 520 nm 处测定吸光度值。最后根据标准曲线计算其细胞色素 c 的含量。

3) 废弃物处理

(1) 剪刀、刀子等污染(感染性)锐器应收集在带盖的不易被刺破的容器内，并按感染性物质处理。

(2) 动物组织应装入专用尸体袋存放于尸体冷藏柜或冰柜内，集中做无害化处理。

(3) 稀酸和稀碱废液，在实验过程中和实验后，应随时将其收集到相应的酸碱废液桶中。

实验 15 不同生物材料中氨基酸的提取及分离分析

1. 实验目的

(1) 通过实验，了解沉淀法提取分离氨基酸、纸层析法分析氨基酸的研究思路、方法和技术手段。

(2) 各实验小组通过检索文献资料，组织课堂讨论，设计完成实验方案，并通过具体实验操作，检验实验方案的可行性和正确性。

2. 教学设计与安排

1) 教学准备(1 周)

(1) 学生查阅文献了解氨基酸提取分离相关领域的研究概况，设计实验方案。

(2) 在教师指导下，讨论实验方案的可行性，确定实验方案。

(3) 进行样品的预处理：削皮、洗净、切成小块备用(4 人 1 组)。

2) 教学过程

学生可以自主安排实验时间。

3) 建议

(1) 本实验有一些准备工作是重复性的，如样品的预处理，可以几组合作完成。

(2) 一个设计性实验常由多层次实验内容构成，教师指导学生合理安排实验程序，有效进行实验。

4) 讨论

(1) 讨论实验过程中遇到的问题和解决方案。

(2) 讨论选择实验材料的研究背景和意义。

(3) 以小论文的形式撰写实验报告。

3. 考核方式

1) 过程性评价

检查实验设计方案、实验记录、学生出勤情况、实验态度。

2) 成果性评价

对撰写的小论文、小组汇报情况进行评价。

3) 技能性评价

对技能操作考试、实验现象的观察、实验数据的处理、自学能力等进行综合评价。

4. 试剂与器材

1) 试剂

(1) 80%乙醇。

(2) 标准氨基酸溶液:组氨酸、谷氨酸、丙氨酸、缬氨酸、丝氨酸、甘氨酸、脯氨酸、亮氨酸,用10%异丙醇配制,浓度分别为0.01 mol/L。

(3) 展层剂:甲酸、正丁醇、水体积比为3∶1.5∶2。

(4) 显色剂:0.25%水合茚三酮丙酮溶液。

(5) 马铃薯和红薯、绿豆芽和黄豆芽的下胚轴。

2) 器材

研钵、电磁搅拌器、层析缸、毛细管、小烧杯、培养皿、量筒、喷雾器、吹风机(或烘箱)、层析滤纸(新华一号)、针和线、直尺及铅笔、通风橱。

5. 实验步骤

1) 氨基酸的提取

分别取马铃薯、红薯、绿豆芽或黄豆芽的下胚轴10 g在研钵中,按照料液比1∶5加入20% HCl溶液研磨,转入烧杯,在电磁搅拌器中70 ℃水浴加热30 min,进行水解提取氨基酸,趁热过滤,得氨基酸粗提液。

2) 氨基酸的纯化

氨基酸粗提液pH值调至3.0,然后加入浓缩液体积1.25倍的80%乙醇进行沉淀,离心、过滤、烘干,得混合氨基酸,取1 g混合氨基酸,用10%异丙醇100 mL配制为样品液。

3) 氨基酸的分离分析(参照实验1)

(1) 准备滤纸。

(2) 点样。用毛细管分别点标准品和样品。

(3) 扩展。

(4) 显色。

(5) 计算。

4) 废弃物的处理

展层溶剂倒入专用桶中回收。

第二章 核酸

第一节　基础性实验

实验 16　定磷法测定核酸的含量

1. 实验目的

(1) 掌握定磷法测定核酸含量的原理与方法。

(2) 为 RNA 组分鉴定(磷酸)实验奠定基础。

2. 实验原理

核酸分子中含有一定比例的磷，RNA 的含磷量为 9.0%，DNA 的含磷量为 9.2%，因此通过测得核酸中磷的量，即可求得核酸的量。

用强酸使核酸分子中的有机磷消化成为无机磷，使之与钼酸铵结合成磷钼酸铵(黄色沉淀)。

$$PO_4^{3-}+3NH_4^{+}+12MoO_4^{2-}+24H^{+}=\!=\!=(NH_4)_3PO_4\cdot 12MoO_3\cdot 6H_2O\downarrow+6H_2O$$

(黄色)

当有还原剂存在时，Mo^{6+} 被还原成 Mo^{4+}，此+4 价钼再与试剂中的其他 MoO_4^{2-} 结合成 $Mo(MoO_4)_2$ 或 Mo_3O_8，呈蓝色，称为钼蓝。

在一定浓度范围内，蓝色的深浅和磷含量成正比，可用比色法测定。样品中如有无机磷，应将无机磷扣除，否则结果偏高。

3. 试剂与器材

1) 试剂

(1) 标准磷溶液：将磷酸二氢钾(AR)于 100 ℃烘至恒重，准确称取 0.8775 g，溶于少量蒸馏水中，转移至 500 mL 容量瓶中，加入 5 mol/L H_2SO_4 溶液 5.0 mL 及氯仿数滴，用蒸馏水稀释至刻度，此溶液每毫升含磷 400 μg。临用时准确稀释 20 倍(20 μg/mL)。

(2) 定磷试剂。

① 17%H_2SO_4 溶液：将浓 H_2SO_4(相对密度为 1.84)17.0 mL 缓缓加入 83.0 mL 蒸馏水中。

② 2.5%钼酸铵溶液：钼酸铵 2.5 g 溶于 100 mL 蒸馏水。

③ 10%抗坏血酸溶液：抗坏血酸 10.0 g 溶于 100.0 mL 蒸馏水。贮于棕色瓶中。溶液呈淡黄色尚可使用，呈深黄色甚至棕色即失效。

临用时将上述三种溶液与蒸馏水按以下比例混合：V(17% H_2SO_4 溶液)：V(2.5%钼酸铵溶液)：V(10%抗坏血酸溶液)：V(蒸馏水)＝1：1：1：2。

(3) 5%氨水。

(4) 27% H_2SO_4 溶液：将浓 H_2SO_4(相对密度为1.84)27.0 mL缓缓倒入73.0 mL蒸馏水中。

(5) 30%过氧化氢溶液。

(6) 粗核酸(RNA、DNA均可)。

2) 器材

凯氏烧瓶(50 mL)、小漏斗(4 cm)、容量瓶(50 mL、100 mL、500 mL)、刻度吸管(0.10 mL、0.20 mL、0.50 mL、1.0 mL、5.0 mL)、试管(1.5 cm×18 cm)、722型(或7220型)分光光度计、电炉、水浴锅。

4. 实验步骤

1) 磷标准曲线的绘制

取干试管9支，按表16-1操作。

表 16-1　制作标准曲线

	试管号								
	0	1	2	3	4	5	6	7	8
标准磷溶液体积/mL	0	0.05	0.1	0.2	0.3	0.4	0.5	0.6	0.7
蒸馏水体积/mL	3.0	2.95	2.9	2.8	2.7	2.6	2.5	2.4	2.3
定磷试剂体积/mL	3.0	3.0	3.0	3.0	3.0	3.0	3.0	3.0	3.0
A_{660}	调零								

加毕摇匀，45 ℃水浴中保温10 min，冷却，测定吸光度值(660 nm处)。以磷含量为横坐标，吸光度值为纵坐标作图。

2) 总磷的测定

取样品(如粗核酸)0.1 g，用少量蒸馏水溶解(如不溶，可滴加5%氨水至pH值为7.0)，转移至50 mL容量瓶中，加水至刻度(此溶液含样品2 mg/mL)。

吸取上述样液1.0 mL，置于50 mL凯氏烧瓶中，加入少量催化剂，再加浓 H_2SO_4 1.0 mL及1粒玻璃珠，凯氏烧瓶中插入小漏斗，放在通风橱内加热，至溶液呈金黄色时取出稍冷，加数滴过氧化氢溶液，继续消化至透明，表示消化完成。冷却，将消化液移入100 mL容量瓶中，用少量水洗涤凯氏烧瓶2次，洗涤液一并倒入容量瓶，再加蒸馏水至刻度，混匀后吸取3.0 mL置于试管中，加定磷试剂3.0 mL，45 ℃保温10 min，测660 nm波长处的吸光度值。

3) 无机磷的测定

吸取样液(2 mg/mL)1.0 mL，置于100 mL容量瓶中，加蒸馏水至刻度，混匀后吸取3.0 mL于试管中，加定磷试剂3.0 mL，45 ℃水浴保温10 min，冷却，测660 nm波长处的吸光度。

4) 计算

$$A_{660总磷}-A_{660无机磷}=A_{660有机磷}$$

由标准曲线查得有机磷的质量(μg)，再根据测定时的取样体积(mL)，求得有机磷的质量浓度(μg/mL)，按下式计算样品中核酸的质量分数：

$$w=[(CV\times 11)/m]\times 100\%$$

式中：w——核酸的质量分数(%)；

C——有机磷的质量浓度(μg/mL)；

V——样液总体积(mL)；

11——因核酸中含磷量为9%左右，1 μg 磷相当于11 μg 核酸；

m——样品质量(μg)。

5) 废弃物处理

废液倒入废液桶。

5. 要点提示

(1) 实验开始前将分光光度计打开预热20～30 min。

(2) 定磷法既可以测定DNA的含量，又可以测定RNA的含量，若DNA中混有RNA或RNA中混有DNA，都会影响结果的准确性。

6. 思维拓展

定磷法操作中有哪些环节极为关键？

实验17　改良苔黑酚法测定RNA含量

1. 实验目的

学习用改良苔黑酚法测定RNA含量的原理与方法。为RNA组分鉴定(核糖)实验奠定基础。

2. 实验原理

RNA与浓盐酸共热时，降解生成嘧啶核苷酸、嘌呤碱及核糖。核糖在浓酸中脱水环化成糠醛，后者与苔黑酚(又名地衣酚、3,5-二羟基甲苯)作用显蓝绿色，在670 nm波长处有最大吸收峰。本法用Cu^{2+}代替苔黑酚法中的Fe^{3+}，故称为改良苔黑酚法。Cu^{2+}还可减少DNA的干扰，使测定灵敏度提高1倍以上。在20～250 μg/mL范围内，A_{670}与RNA的浓度成正比。

CHO
H—C—OH
H—C—OH
H—C—OH
CH_2OH
—浓盐酸，$-3H_2O$→ 糠醛(—CHO) —苔黑酚(CH_3，HO，OH)，Cu^{2+}→ 产物(CH_3，O，C，H_3C，OH)

样品中少量DNA的存在对测定无干扰，蛋白质、黏多糖干扰测定。由于测糖法只能测定RNA中与嘌呤连接的糖，而不同来源的RNA含有的嘌呤、嘧啶的比例各不相同，因此用所测得的核糖量来换算各RNA含量是不正确的。最好用与被测物相同来源的纯化RNA制作标准曲线，然后通过此标准曲线查出被测RNA的含量。

3. 试剂与器材

1) 试剂

(1) 待测RNA样品：用1 mmol/L NaOH溶液将待测RNA配制成约50 μg/mL的溶液。

(2) RNA标准溶液：取酵母RNA，配制成50 μg/mL的溶液。

(3) 苔黑酚铜离子试剂。

苔黑酚储备液:取苔黑酚 5.0 g,溶于 10.0 mL 95%乙醇中,溶液呈深红色。

铜离子溶液:取 $CuCl_2 \cdot 2H_2O$ 0.75 g,溶于 500.0 mL 12 mol/L HCl 溶液中,溶液呈深黄色。

使用前,取苔黑酚储备液 2.0 mL,加铜离子溶液 100.0 mL,混匀。

2) 器材

试管、吸量管、水浴锅、可见光分光光度计、分析天平。

4. 实验步骤

1) 标准曲线的制作

取试管 7 支,按表 17-1 操作。

表 17-1 制作标准曲线

	试管号						
	1	2	3	4	5	6	7
50 μg/mL RNA 标准溶液体积/mL	0	0.2	0.4	0.8	1.2	1.6	2.0
RNA 的含量/μg	0	10	20	40	60	80	100
水体积/mL	2	1.8	1.6	1.2	0.8	0.4	0
苔黑酚铜离子试剂体积/mL	2	2	2	2	2	2	2
	100 ℃水浴保温 35 min,流动水冷却						
A_{670}	调零						

以 A_{670} 为纵坐标,RNA 质量(μg)为横坐标作标准曲线。

2) 样品中 RNA 含量的测定

取试管 4 支,按表 17-2 操作。显色反应液在 670 nm 波长下测吸光度值,在标准曲线上找出相应的 RNA 含量。

表 17-2 样品测定

	试管号			
	1	2	3	4
样品溶液体积/mL	0	2	2	2
水体积/mL	2	0	0	0
苔黑酚铜离子试剂体积/mL	2	2	2	2
	100 ℃水浴保温 35 min,流动水冷却			
A_{670}	调零			
RNA 的含量/μg				
RNA 的含量平均值/μg				

3) 结果计算

样品中 RNA 含量(质量分数)可以按下式计算:

$$\text{RNA 含量}(\%)=\frac{y\times n}{2\times m\times 10^3}\times 100\%$$

式中:y——样品测得 A_{670} 在标准曲线上查得的 RNA 质量(μg);

n——所测样品稀释倍数；

m——样品质量(mg)；

2——测定时取 2 mL 样品溶液。

4) 废弃物处理

废液倒入废液桶。

5. 要点提示

(1) 要保证反应温度和时间，使反应充分。

(2) 待测样品溶液的吸光度值应在 0.2～0.8 范围内，如超出此范围，应调整样品稀释倍数，以减小误差。

(3) 样品测定须与制作标准曲线使用同一批试剂，同一台可见光分光光度计。

(4) 用以制作标准曲线的 RNA 应尽可能与待测 RNA 样品来源相同。

6. 思维拓展

(1) 改良苔黑酚法为什么能够提高 RNA 测定的灵敏度？

(2) 为使实验结果重复性好，在操作中应注意哪些关键步骤？

实验 18　紫外分光光度法测定核酸的含量

1. 实验目的

(1) 学习紫外分光光度法测定核酸的原理与操作方法。

(2) 熟悉紫外分光光度计的基本原理和使用方法。

2. 实验原理

核酸的定量测定方法很多，常见的有定磷法、紫外分光光度法、微量电泳法及荧光光度法等。本实验用紫外分光光度法定量测定核酸。

核酸、核苷酸及核苷的结构成分中均含有嘌呤、嘧啶碱基，这些碱基都具有共轭双键，因而它们都有吸收紫外光的特性，能吸收 250～290 nm 波段的紫外光，最大吸收峰在 260 nm 波长处。利用紫外分光光度法定量测定核酸时，通常规定：在 260 nm 波长下，每毫升含 1 μg DNA 溶液的吸光度值为 0.020，而每毫升含 1 μg RNA 溶液的吸光度值为 0.022。故测定被测样品在 260 nm 波长处的吸光度值，即可计算出其中核酸的含量。该法操作简便、迅速，灵敏度高(可达 3 μg/mL)。

利用紫外分光光度法还可以定性地鉴定核酸的纯度。测出样品的 A_{260} 与 A_{280}，从 A_{260}/A_{280} 值即可判断样品的纯度。纯 DNA 的 A_{260}/A_{280} 值应大于 1.8，纯 RNA 的 A_{260}/A_{280} 值应达到 2.0。

对于含有微量蛋白质和核苷酸等吸收紫外光物质的核酸样品，测定误差较小，因为蛋白质在 260 nm 波长处的吸光度值仅为核酸的 1/10 或更低。但若样品内混杂有大量的上述物质，则测定误差较大，应设法事先除去杂质。

3. 试剂与器材

1) 试剂

(1) 5%～6%氨水：将 25%～30%浓氨水稀释 5 倍。

(2) 核酸沉淀剂(0.25%钼酸铵-2.5%高氯酸试剂)：取 70%高氯酸 3.5 mL，移入已加

96.5 mL蒸馏水的容器中,混匀,再加入钼酸铵 0.25g,使其全部溶解。

(3) DNA、RNA 样品。

2) 器材

分析天平、紫外分光光度计、离心机及离心管、冰箱或冰浴装置、容量瓶(50 mL)、移液管、石英比色杯。

4. 实验步骤

1) RNA 的定量测定

(1) 取离心管 2 支,编号甲、乙,甲管内加入 RNA 样品溶液 2.0 mL 和蒸馏水 2.0 mL,乙管内加入 RNA 样品溶液 2.0 mL 和沉淀剂 2.0 mL(除去大分子核酸,作为对照)。混匀,在冰浴(或冰箱)中放置 30 min,3000 r/min 离心 10 min。从甲、乙两管中分别吸取上清液 0.5 mL,移入相同编号(甲、乙)的 50 mL 容量瓶中,加蒸馏水至 50 mL,充分混匀。

(2) 选用光程为 1 cm 的石英比色杯,以蒸馏水为空白对照,测定甲、乙两管的 A_{260} 及甲管的 A_{280}。

(3) 计算。

样品中 RNA 含量为

$$\text{RNA 含量}(\mu g/mL)=\frac{A_{260甲}-A_{260乙}}{0.022}\times n$$

式中:n——样品稀释倍数。

样品纯度可根据 A_{260}/A_{280} 值进行判断。

2) DNA 的定量测定

(1) 取离心管 2 支,编号甲、乙,甲管内加入 DNA 样品溶液 2.0 mL 和蒸馏水 2.0 mL,乙管内加入 DNA 样品溶液 2.0 mL 和沉淀剂 2.0 mL(沉淀除去大分子核酸,作为对照)。混匀,在冰浴(或冰箱)中放置 30 min,3000 r/min 离心 10 min。从甲、乙两管中分别吸取上清液 0.5 mL,移入相同编号(甲、乙)的 50 mL 容量瓶中,加蒸馏水至 50 mL,充分混匀。

(2) 选用光程为 1 cm 的石英比色杯,以蒸馏水为空白对照,测定甲、乙两管的 A_{260} 及甲管的 A_{280}。

(3) 计算。

如果已知待测 DNA 样品为纯品,则样品中 DNA 含量为

$$\text{DNA 含量}(\mu g/mL)=\frac{A_{260甲}-A_{260乙}}{0.020}\times n$$

式中:n——样品稀释倍数。

DNA 样品的纯度可根据 A_{260}/A_{280} 值进行判断。

3) 废弃物处理

废液倒入废液桶。

5. 要点提示

(1) 若样品为固体,准确称取待测的核酸样品 0.5 g,加少量蒸馏水(或无离子水)调成糊状,再加适量的水稀释,然后用 5%~6%氨水调 pH 值至 7.0 助溶,定容至 50 mL。氨水助溶时要逐滴加入,随加随混匀,避免局部过浓引起 RNA 降解。

(2) 如果待测的 RNA 样品中含有酸溶性的核苷酸或可透析的低聚多核苷酸,则需加沉淀剂。若样品为纯品,则可将样品配制成一定浓度在紫外分光光度计上直接测量。

(3) 由于降解或水解作用，核酸的吸光系数可以增高约40%，这就是增色效应。在大分子的核酸中，氢键和π键相互作用改变了碱基的共振行为。因此，核酸的吸光系数低于构成它的核苷酸的吸光系数，该现象称为减色效应。

(4) RNA 稀释或溶解最好用无菌重蒸水或是用 DEPC(焦碳酸二乙酯)处理的水，以防止 RNA 降解。DEPC 是一种十分有效的不可逆 RNase 抑制剂。

(5) DNA 稀释或溶解最好用无菌重蒸水。如果 DNA 中含有酸溶性核苷酸类，也需要加入沉淀剂进行对比测定。

6. 思维拓展

(1) 紫外分光光度法测定样品中核酸的含量有何优点及缺点？

(2) 若样品中含有非核酸杂质，如何排除干扰？你认为最简便的方法是什么？

第二节　综合性实验

实验 19　RNA 的提取与组分鉴定

1. 实验目的

(1) 学习稀碱法提取 RNA 的原理和操作方法。

(2) 掌握 RNA 组分的鉴定方法。

2. 实验原理

由于 RNA 的来源和种类很多，因而提取制备方法也各异，一般有苯酚法、去污剂法和盐酸胍法。其中苯酚法又是实验室最常用的。组织匀浆用苯酚处理并离心后，RNA 即溶于上层被酚饱和的水相中，DNA 和蛋白质则留在酚层中，向水层加入乙醇后，RNA 即以白色絮状沉淀析出，此法能较好地除去 DNA 和蛋白质。上述方法提取的 RNA 具有生物活性。工业上常用稀碱法和浓盐法提取 RNA，用这两种方法所提取的核酸均为变性的 RNA，主要用作制备核苷酸的原料，其工艺比较简单。浓盐法是用10%左右的 NaCl 溶液，90 ℃提取 3～4 h，迅速冷却，提取液经离心后，上清液用乙醇沉淀 RNA。

稀碱法使用稀碱(本实验用0.2%NaOH 溶液)使酵母细胞裂解，然后用酸中和，除去蛋白质和菌体后的上清液，用乙醇沉淀 RNA(本实验用此法)或调 pH 值至2.5利用等电点沉淀。提取的 RNA 有不同程度的降解。酵母含 RNA 达2.67%～10.0%，而 DNA 含量仅为0.03%～0.516%，因此，提取 RNA 多以酵母为原料。

RNA 用 H_2SO_4 水解时，可以生成磷酸、戊糖和碱基，各种成分用下列反应鉴定：①磷酸：用强酸使 RNA 中的有机磷消化成无机磷，后者与定磷试剂中的钼酸铵结合成磷钼酸铵(黄色沉淀)，当有还原剂存在时磷钼酸铵立即转变成蓝色的还原产物——钼蓝。②核糖：RNA 与浓盐酸共热时，发生降解，形成的核糖继而转变成糠醛，后者与苔黑酚反应，在 Fe^{3+} 或 Cu^{2+} 催化下生成鲜绿色复合物。③嘌呤碱与 $AgNO_3$ 能产生白色的嘌呤银化合物沉淀。

3. 试剂与器材

1) 试剂

(1) 0.2% NaOH 溶液。

(2) 酸性乙醇:将浓盐酸 0.3 mL 加入 30.0 mL 95%乙醇中。

(3) 1.5 mol/L H_2SO_4 溶液。

(4) 浓氨水。

(5) 5% $AgNO_3$ 溶液。

(6) 苔黑酚-$FeCl_3$ 试剂:将苔黑酚 100.0 mg 溶于 100.0 mL 浓盐酸中,再加入100.0 mg $FeCl_3 \cdot 6H_2O$。临用时配制。

(7) 定磷试剂。

① 17%H_2SO_4 溶液。

② 2.5%钼酸铵溶液。

③ 10%抗坏血酸溶液。(储存于棕色瓶中,溶液在冰箱放置可用 1 个月。溶液呈淡黄色时可用,如呈深黄色或棕色则已失效。)

临用时将上述 3 种溶液与水按以下比例混合(限当天使用):V(17% H_2SO_4 溶液)∶V(2.5%钼酸铵溶液)∶V(水)∶V(10%抗坏血酸溶液)=1∶1∶2∶1。

(8) 安琪酵母粉。

2) 器材

锥形瓶(100 mL)、沸水浴装置、量筒、移液管、刻度吸管、滴管、试管、试管夹及试管架、离心机、烧杯、天平。

4. 实验步骤

(1) RNA 的粗提取:取酵母粉 4.0 g,于研钵中干研磨,后转入 100 mL 锥形瓶中,加入 0.2% NaOH 溶液 40.0 mL,搅拌成悬浮液。

(2) 将悬浮液置沸水浴中加热 20 min,冷却至室温,平衡后 4000 r/min 离心 5 min。

(3) 将上清液缓缓倾入酸性乙醇 20.0 mL 中,注意边搅拌边缓缓倾入。静置,待 RNA 沉淀完全后,轻轻搅拌后转入离心管,4000 r/min 离心 5 min。沉淀备用。

(4) 水解 RNA:向沉淀中加入 1.5 mol/L H_2SO_4 溶液 10.0 mL,搅拌后转入锥形瓶中,沸水浴加热至澄清,使 RNA 水解,即为水解液,进行组分鉴定。

(5) RNA 组分鉴定。

① 嘌呤碱:取试管 1 支,加入水解液 1.0 mL、浓氨水 2.0 mL、5% $AgNO_3$ 溶液 1.0 mL,观察是否产生白色絮状嘌呤银化合物沉淀(放置后可能变为棕黑色)。

② 戊糖:取试管 1 支,加入水解液 1.0 mL、苔黑酚-$FeCl_3$ 试剂 1.0 mL,在沸水浴中加热,注意观察试管中颜色变化。

③ 磷酸:取试管 1 支,加入水解液 1.0 mL 和定磷试剂 1.0 mL,在沸水浴中加热,注意观察试管中颜色变化。

(6) 废液倒入废液桶。

5. 要点提示

(1) 苔黑酚法鉴定戊糖时特异性较差,凡属戊糖,均有此反应。微量 DNA 无影响,较多 DNA 存在时有干扰作用,在试剂中加入适量 $CuCl_2 \cdot 2H_2O$ 可减少 DNA 的干扰,甚至某些戊糖持续加热后生成的羟甲基糠醛也能与苔黑酚反应,产生显色复合物。

(2) 苔黑酚法鉴定戊糖时,苔黑酚试剂也可用下列配方:

① $FeCl_3$ 0.1 g 溶于浓盐酸 100 mL,摇匀,储存备用。使用前加入苔黑酚 0.476 g。

② 苔黑酚 0.1 g 溶于浓盐酸 100 mL 中,再加 $FeCl_3$ 0.1 g(临用前配制)。

(3) RNA 中磷酸的鉴定方法有两种,原理如下。

① 钼酸铵试剂鉴定。

钼酸铵试剂:钼酸铵 2.0 g 溶解于 10% H_2SO_4 溶液 100.0 mL。

强酸使 RNA 分子中的有机磷消化成无机磷,与钼酸铵试剂中的钼酸铵结合成磷钼酸铵 $(NH_4)_3PO_4 \cdot 12MoO_3$(黄色沉淀)。

$$PO_4^{3-} + 3NH_4^+ + 12MoO_4^{2-} + 24H^+ \xlongequal{} (NH_4)_3PO_4 \cdot 12MoO_3 \cdot 6H_2O \downarrow + 6H_2O$$

② 定磷试剂鉴定:上述反应当有还原剂存在时,Mo^{6+} 被还原成 Mo^{4+},此 Mo^{4+} 再与试剂中的其他 MoO_4^{2-} 结合成 $Mo(MoO_4)_2$ 或 Mo_3O_8,呈蓝色,称为钼蓝。在一定浓度范围内,蓝色的深浅和磷含量成正比,因此也可用分光光度法定量测定 RNA。

(4) 用乙醇沉淀 RNA 时,需用酸中和稀碱,可以加冰乙酸至 pH 值为 2.5,也可以直接用酸性乙醇(浓盐酸 1.0 mL 加入乙醇 100.0 mL 中)调溶液 pH 值为 2.5。

(5) 用 $AgNO_3$ 鉴定 RNA 中的嘌呤碱时,除了产生嘌呤银化合物沉淀外,还会产生磷酸银沉淀,磷酸银沉淀可溶于氨水,而嘌呤银化合物沉淀在浓氨水中溶解度很低,加入浓氨水可消除 PO_4^{3-} 的干扰。

6. 思维拓展

(1) 用苔黑酚鉴定 RNA 时,加入 Cu^{2+} 或 Fe^{3+} 的目的是什么?

(2) 用 $AgNO_3$ 鉴定嘌呤碱基时,加入浓氨水的目的是什么?

实验 20 离子交换柱层析分离核苷酸

1. 实验目的

(1) 掌握 RNA 碱水解的原理和方法。

(2) 掌握离子交换柱层析的分离原理和方法。

2. 实验原理

实验以酵母 RNA 为材料,将 RNA 用碱水解成单核苷酸,再用离子交换柱层析进行分离,最后采用紫外吸收法进行鉴定。同时通过测定各单核苷酸的含量,可以计算出酵母 RNA 的碱基组成。

1) RNA 的碱水解

实验室制备单核苷酸一般用化学水解法(酸、碱水解)和酶解法。RNA 用酸水解可得到嘧啶核苷酸和嘌呤碱基;用碱水解可得到 2′-核苷酸和 3′-核苷酸的混合物;用 5′-磷酸二酯酶或 3′-磷酸二酯酶水解则分别可得到 5′-核苷酸或 3′-核苷酸。本实验中 RNA 用碱水解,经过 2′,3′-环核苷酸中间物,而后水解生成 2′-核苷酸和 3′-核苷酸。

碱水解一般采用 0.3 mol/L KOH 溶液,37 ℃保温 18~20 h 就能水解完全(也可以用 1 mol/L KOH 溶液,80 ℃水解 60 min 或 0.1 mol/L KOH 溶液 100 ℃水解 20 min)。用 2 mol/L $HClO_4$ 溶液中和并逐滴调节 pH 值至 2.0 左右,离心去除生成的 $KClO_4$ 沉淀,上清液即为各单核苷酸的混合液。然后根据所选离子交换剂的类型,将上清液调至适当的 pH 值,作为样品液备用。一般用阳离子交换剂时,pH 值调至 1.5 左右,用阴离子交换剂时,pH 值调至 8.0~9.0(逐滴加)。

2) 离子交换柱层析

离子交换作用一般是指在固相和液相之间发生可逆的离子交换反应,根据各种物质带电状态(或极性)的差别来进行分离的一种方法。电荷不同的物质对离子交换剂有不同的亲和力,因此,要成功地分离某种混合物,必须根据其所含物质的解离性质、带电状态选择适当类型的离子交换剂,并控制吸附和洗脱条件(主要是洗脱液的离子强度和 pH 值),使混合物中各组分按亲和力顺序依次从层析柱中洗脱下来。

通常离子交换剂是在一种高分子的不溶性母体上引入若干活性基团。作为不溶性母体的高分子有树脂、纤维素、葡聚糖、琼脂糖或无机聚合物等,引入的活性基团可以是酸性基团,如强酸型的含有磺酸基($—SO_3H$),中强酸型的含有磷酸基($—PO_3H_2$)、亚磷酸基($—PO_2H$),弱酸型的含有羧基(—COOH)或酚羟基(—OH)等;也可以是碱性基团,如强碱型的含有季铵[$—N^+(CH_3)_3$],弱碱型的含有叔胺[$—N(CH_3)_2$]、仲胺($—NHCH_3$)、伯胺($—NH_2$)等。

在一定条件下,离子交换树脂吸附的物质数量和在溶液中的物质数量达到平衡时,两者数量之比称为分配系数(平衡常数)。理想的情况是洗脱曲线和分配系数相符合,待分离的各种物质的分配系数应有足够的差别,以 K_d 表示分配系数,则

$$K_d = c_s / c_m$$

式中:c_s——某物质在固定相(交换剂)上的物质的量浓度;

c_m——该物质在流动相中的物质的量浓度。

可以看出,与交换剂的亲和力越大,c_s 越大,K_d 值也越大。各种物质 K_d 值差异的大小决定了分离的效果。差异越大,分离效果越好。影响 K_d 值的因素很多,如被分离物所带电荷、空间结构因素、离子交换剂的非极性亲和力、温度等。实验中必须反复摸索条件,才能得到最佳分离效果。

核酸经酸、碱或酶水解可以产生各种核苷酸,核苷酸的可解离基团是第一磷酸基、含氮环上的$—NH_2$ 和第二磷酸基等,它们的解离常数(pK)和由此得到的等电点差异,是进行离子交换层析分离的基础。pK_{a1} 值在 0.7~1.0,pK_{a2} 值在 6.1~6.4,各个核苷酸之间的数值比较接近,因此不能作为彼此分离的主要依据。而含氮环(尿苷酸除外)的 pK_{a3} 值却不同,在 2.4~4.5,各个核苷酸之间的差别较大,导致各个核苷酸的 pI 值有显著差别(表 20-1),这是离子交换层析分离核苷酸的主要依据。

表 20-1　4 种核苷酸的解离常数(pK)和等电点(pI 值)

核苷酸	第一磷酸基 pK_{a1}	第二磷酸基 pK_{a2}	含氮环的亚氨基 pK_{a3}	等电点(pI 值)
尿苷酸(UMP)	1.0	6.4	—	—
鸟苷酸(GMP)	0.7	6.1	2.4	1.55
腺苷酸(AMP)	0.9	6.2	3.7	2.35
胞苷酸(CMP)	0.8	6.3	4.5	2.65

RNA 可被碱水解成 2′-核苷酸和 3′-核苷酸。可利用阳离子交换树脂(聚苯乙烯-二乙烯苯,磺酸型)或阴离子交换树脂(聚苯乙烯-二乙烯苯,季铵碱型)分离单核苷酸。采用阳离子交换时,控制样品液 pH 值为 1.5,此时 UMP 带负电,而 AMP、CMP、GMP 带正电,可被阳离子树脂吸附。然后通过逐渐升高 pH 值,将各核苷酸洗脱下来,洗脱顺序是 UMP、GMP、CMP、AMP。AMP 与 CMP 洗脱位置的互换,是由于聚苯乙烯树脂母体对嘌呤碱基的非极性吸附力大于对嘧啶碱基的吸附力。

本实验利用强碱型阴离子交换树脂(强碱型 201×8、强碱型 201×7、国产 717、Dowex 1、Amberlite IRA-400 或 Zerolit FF 等)将各类核苷酸分开。首先,使 RNA 碱水解液的其他离子强度降至 0.02 以下,调 pH 值至 6.0 以上,样品核苷酸都带上负电荷。当上样后,它们都能

与树脂结合。因为核苷酸的 pI 值越大，它与阴离子交换树脂的结合能力越弱，在洗脱时就越容易被洗脱下来。由表 20-1 可知，当用竞争性离子的洗脱液进行洗脱时，4 种核苷酸被洗脱的顺序应该是 CMP、AMP、GMP 和 UMP。但由于本实验所用的树脂不溶性基质是非极性的，它与嘌呤碱基的非极性亲和力大于与嘧啶的非极性亲和力，因而流出液中的核苷酸出现的顺序是 CMP、AMP、UMP 和 GMP。而就同一种核苷酸的不同异构体而言，它们之间的差别仅在于磷酸基位于核糖的不同位置上，2′-磷酸基较 3′-磷酸基距离碱基更近，因而它的负电性对碱基正电荷的影响较大，其 pK 值较大，例如 2′-胞苷酸 pK_{a1} 值为 4.4，3′-胞苷酸 pK_{a1} 值为 4.3，因此 2′-核苷酸更容易被洗脱下来。

3）核苷酸的鉴定

由于核苷酸中都含有嘌呤与嘧啶碱基，这些碱基都具有共轭双键，能够强烈地吸收 250～280 nm 波段的紫外光，而且有特征的紫外吸收比值。因此，通过测定各洗脱峰溶液在 220～300 nm 波长范围内的紫外吸收值，作出紫外吸收光谱图，与图 20-1 所示的标准吸收光谱进行比较，并根据其吸光度比值（A_{250}/A_{260}、A_{280}/A_{260}、A_{290}/A_{260}）以及最大吸收峰与表 20-2 所列标准值比较后，即可判断各组分为何种核苷酸。根据各组分在其最大吸收波长（λ_{max}）处总的吸光度值（A_{max}）以及相应的摩尔吸光系数（ε_{260}），可以计算出 RNA 中四种核苷酸的物质的量（μmol）和碱基摩尔分数。

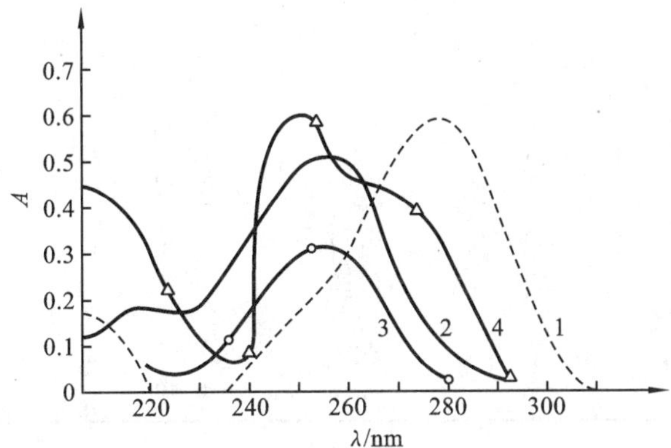

图 20-1　四种核苷酸在 pH 值为 2～4 时的紫外吸收光谱

1. CMP；2. AMP；3. UMP；4. GMP

$$\text{某核苷酸物质的量}(\mu\text{mol})=\frac{\text{该核苷酸峰合并液的 }A_{max}\times\text{该峰体积(mL)}\times 10^3}{\text{该核苷酸的 }\varepsilon_{260}}$$

$$\text{某碱基摩尔分数}=\frac{\text{该核苷酸物质的量}}{\text{四种核苷酸物质的量之和}}\times 100\%$$

表 20-2　4 种核苷酸的部分常数

核苷酸	pH 值	ε_{260}/(×10³ L/(mol·cm))	吸光度比值			λ_{max}/nm
			A_{250}/A_{260}	A_{280}/A_{260}	A_{290}/A_{260}	
2′-AMP	2	14.5	0.85	0.23	0.038	257
	7	15.3	0.80	0.15	0.009	259
3′-AMP	2	14.5	0.85	0.23	0.038	257
	7	15.3	0.80	0.15	0.009	259

续表

核苷酸	pH 值	ε_{260}/($\times 10^3$ L/(mol·cm))	吸光度比值			λ_{max}/nm
			A_{250}/A_{260}	A_{280}/A_{260}	A_{290}/A_{260}	
5′-AMP	2	14.5	0.84	0.22	0.038	257
	7	15.3	0.79	0.15	0.009	259
2′-GMP	2	12.3	0.90	—	—	256
	7	11.0	1.15	0.68	0.285	253
3′-GMP	2	12.3	0.90	0.68	0.480	256
	7	12.0	1.15	0.68	0.285	253
5′-GMP	2	11.6	1.20	—	0.400	256
	7	11.7	—	—	0.280	252
2′-CMP	2	6.9	0.48	1.83	1.22	278
	7	7.75	0.86	0.86	0.26	270
3′-CMP	2	6.6	0.46	2.00	1.45	279
	7	7.6	0.84	0.93	0.30	271
5′-CMP	2	6.3	0.46	2.10	1.55	281
	7	7.4	0.84	0.99	0.30	271
2′-UMP	—	—	0.79	0.30	—	262
	—	—	0.85	0.25	0.02	261
3′-UMP	2	9.9	0.74	0.33	0.03	262
	7	9.9	0.83	0.25	0.02	261
5′-UMP	2	—	0.74	0.38	—	262
	7	—	0.73	0.40	0.03	262

3. 试剂与器材

1）试剂

(1) 酵母 RNA。

(2) 强碱型阴离子交换树脂(201×8)：聚苯乙烯-二乙烯苯-三甲胺季铵碱型，全交换量大于 3 mmol/g(干树脂)，粉末型(100～200 目)。

(3) 1 mol/L 甲酸：88%甲酸 21.4 mL 定容至 500 mL。

(4) 1 mol/L 甲酸钠溶液：甲酸钠(注意结晶水问题)34.15 g 用蒸馏水溶解，定容至 500 mL。

(5) 0.3 mol/L KOH 溶液：KOH 1.68 g 用蒸馏水溶解并定容至 100 mL。

(6) 2 mol/L 过氯酸($HClO_4$)溶液：70%～72%过氯酸溶液 17.0 mL 稀释并定容至 100 mL。

(7) 0.5 mol/L NaOH 溶液。

(8) 1 mol/L HCl 溶液。

(9) 1% $AgNO_3$ 溶液。

2）器材

层析柱、梯度洗脱器、电磁搅拌器、恒流泵、自动部分收集器、酸度计、紫外分光光度计、旋涡混合器、核酸蛋白检测仪、台式离心机。

4. 实验步骤

1）样品处理

称取酵母 RNA 20.0 mg，溶于 2.0 mL 0.3 mol/L KOH 溶液中，于 37 ℃水浴中保温水解 2 h，RNA 在碱作用下水解成单核苷酸。水解完成后用 2 mol/L $HClO_4$ 溶液调水解液 pH 值至 2.0 以下，以 4000 r/min 离心 15 min，置冰浴中 10 min，以沉淀完全。取上清液，用 2 mol/L NaOH溶液逐滴加入，将 pH 值调至 8.0，并用紫外分光光度计准确测得含量后作为上样样品液备用。

2）离子交换树脂的预处理

取 201×8 粉末型强碱型阴离子交换树脂（湿）8 g，先用蒸馏水浸泡 2 h，倾泻法除去细小颗粒，同时用减压法除去树脂中残留的气泡，然后用四倍于树脂量的 0.5 mol/L NaOH 溶液浸泡 1 h，除去树脂中的碱溶性杂质。用去离子水洗至近中性后，再用四倍于树脂量的 1 mol/L HCl 溶液浸泡 0.5 h，以除去树脂中酸溶性杂质。接着用蒸馏水洗至中性（可以上柱洗），此时阴离子交换树脂为氯型。

3）离子交换层析柱的安装

离子交换层析柱可使用内径约 1 cm、长 15 cm 的层析柱，柱下端有烧结上的滤板，柱上端使用橡皮塞，塞子中间打一个小孔，紧紧插入一根细聚乙烯管。层析柱垂直固定在铁架台上（图 20-2），向柱内加入蒸馏水至 1/3 柱高，将经过预处理的离子交换树脂悬浮液一次性加入柱内，使树脂自由沉降至柱底，将一小片圆滤纸盖在树脂面上。旋转旋钮，使蒸馏水缓慢流出。树脂最后沉降的高度为 7～8 cm，树脂面以上要保持一定高度的液面，以防气泡进入树脂内部，影响分离效果。

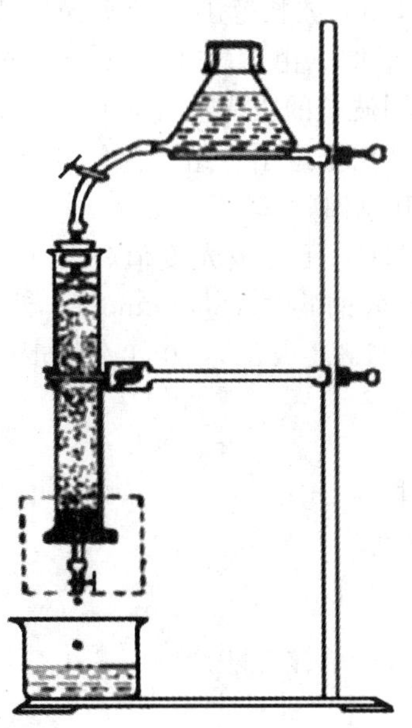

图 20-2 离子交换柱层析装置示意图

4）树脂的转型处理

树脂的转型处理就是使树脂带上洗脱时所需要的离子。本实验需要将阴离子交换树脂由氯型转变为甲酸型,先用 1 mol/L 甲酸钠溶液 200.0 mL 洗柱,用 1% $AgNO_3$ 溶液检查柱流出液,至不出现白色 AgCl 沉淀为止。然后改用 0.2 mol/L 甲酸约 200.0 mL 继续洗柱,至测定流出液的 $A_{260} \leqslant 0.020$ 为止。最后用蒸馏水洗柱,直至流出液的 pH 值接近 7(或与蒸馏水的 pH 值相同)。

5) 加样

旋转旋钮,缓慢放出液体,使液面降至滤纸片下、树脂面上,旋紧旋钮,用滴管准确移取 RNA 水解液 1.0 mL 沿柱壁小心加到树脂表面,然后旋松旋钮,使 RNA 水解液中的核苷酸被离子交换树脂吸附。接着用滴管加入少量蒸馏水,当水面降至树脂表面时,再用蒸馏水约 100.0 mL 洗柱,使不被阴离子交换树脂吸附的嘌呤及嘧啶碱基、核苷等杂质均被洗出。

6) 核苷酸混合物的洗脱

收集蒸馏水洗脱液,在紫外分光光度计上测 260 nm 波长处吸光度值,待洗脱液不含紫外吸收物质(吸光度值低于 0.02)时,可用甲酸及甲酸钠溶液进行洗脱。

(1) 梯度洗脱:在梯度洗脱器的混合瓶内加入蒸馏水 300.0 mL,贮液瓶中加入 0.20 mol/L 甲酸-0.20 mol/L 甲酸钠混合液 300.0 mL(注意:梯度洗脱器底部的连通管要事先充满蒸馏水,赶尽气泡)。洗脱器出口与恒流泵入口用细塑料管相连,打开两瓶之间的连通阀和出口阀,打开电磁搅拌器,松开柱下端旋钮,开启恒流泵,控制流速为每管 5 mL 10 min,开启部分收集器,分管收集流出液。以蒸馏水为对照,测定各管在 260 nm 波长处的吸光度值,记录洗脱分离图谱。

(2) 分段洗脱:依次用 0.02 mol/L 甲酸、0.15 mol/L 甲酸、0.01 mol/L 甲酸-0.05 mol/L 甲酸钠溶液(pH 值为 4.4)、0.10 mol/L 甲酸-0.10 mol/L 甲酸钠溶液(pH 值为 3.74)分别洗脱,用自动部分收集器收集流出液,控制流速为每管 5~6 mL 15 min。以蒸馏水为对照,测定各管在 260 nm 波长处的吸光度值。

7) 核苷酸的鉴定

根据各组分溶液在 230~300 nm 波长范围内的吸光度值,以波长(nm)为横坐标,吸光度值为纵坐标,作出它们的吸收光谱图。由图上求出每个单核苷酸组分的最大吸收峰的波长 λ_{max},同时,计算出各个组分在不同波长的吸光度比值(A_{250}/A_{260}、A_{280}/A_{260}、A_{290}/A_{260}),将它们与各核苷酸的标准值进行比较,从而鉴定出各组分为何种核苷酸。

8) 测定各种核苷酸的含量和总回收率

根据各组分溶液的合并体积(V)、平均吸光度值(A_{260}),再查出该核苷酸的摩尔吸光系数(ε_{260}),从而可以计算出每个核苷酸的物质的量(μmol)。计算出离子交换柱层析的回收率。(注:RNA 的摩尔吸光系数 ε_{260} 为$(7.7\sim7.8)\times10^3$ L/(mol·cm),水解后增加 40%。)

$$c=\frac{A_{260}}{\varepsilon_{260}\times L}$$

式中:L——比色杯的光程,一般取 1 cm;

c——核苷酸的物质的量浓度。

而 $m=cV$,则

$$m(\text{单核苷酸})=\frac{A_{260}}{\varepsilon_{260}\times L}\times V$$

9) 树脂的再生

使用过的离子交换树脂经过再生处理后,可重复使用。可以在柱内处理,也可以将树脂取出后处理。取出树脂的方法是用洗耳球由层析柱的下端向柱内吹气,用烧杯收集流出的树脂。树脂再生的方法与未使用的新树脂预处理方法相同。也可以直接用 1 mol/L NaCl 溶液浸泡或洗涤，最后用蒸馏水洗至流出液的 pH 值接近 7。

5. 要点提示

(1) 由于核苷酸在 pH 值太低的条件下易脱嘌呤，所以滴加 $HClO_4$ 溶液调节水解液 pH 值时，要少量多次并迅速搅拌，防止局部 pH 值太低。

(2) 在 pH 值为 6.0 以上水解的混合核苷酸样品带负电荷，所以本实验选用聚苯乙烯-二乙烯苯三甲胺季铵强碱性阴离子交换树脂 201×8 型。如在 pH 值为 1.5 的溶液中，这些混合核苷酸除 UMP 外，都带正电荷，应选用阳离子交换树脂。因此，要根据被分离物质的等电点和该物质在溶液中所带电荷的性质，选择合适的离子交换剂。

(3) 把几种混合核苷酸较好分开，除了要严格控制离子浓度和 pH 值外，还要注意的是，样品不宜过浓，洗脱的流速不宜过快，洗脱体积不宜太少，否则将使吸附不完全，洗脱峰平坦而使各核苷酸分离不清。

(4) 注意在装柱和层析的过程中，切勿干柱，树脂面以上要保持一定高度的液柱，以防气泡进入树脂内部，影响分离效果。

6. 思维拓展

梯度洗脱和分段洗脱各有什么特点？

第三节　设计性实验

实验 21　动物肝脏 DNA 的提取、分离与检测(琼脂糖凝胶电泳)

1. 实验目的

(1) 通过实验，使学生了解从动物组织中提取 DNA 的原理，掌握从动物组织中提取 DNA 的操作技术，掌握琼脂糖凝胶电泳分离核酸的原理和方法。

(2) 各实验小组通过检索文献资料，组织课堂讨论，设计、完成实验方案，并通过具体实验操作，检验实验方案的可行性和正确性。

2. 教学设计与安排

1) 教学准备

(1) 学生查阅文献，了解 DNA 提取分离相关领域的研究概况，设计实验方案。

(2) 在教师指导下，讨论实验方案的可行性，确定实验方案。

2) 教学过程

学生可以自主安排实验时间。

3) 建议

一个设计性实验常由多层次实验内容构成，指导学生合理安排实验程序，有效进行实验。

4) 讨论

(1) 讨论实验过程中遇到的问题和解决方案。

(2) 讨论实验的研究背景和意义。

(3) 以小论文的形式撰写实验报告。

3. 考核方式

1）过程性评价

检查实验设计方案、实验记录、学生出勤情况、实验态度。

2）成果性评价

对撰写的小论文、小组汇报情况进行评价。

3）技能性评价

对技能操作考试、实验现象的观察、实验数据的处理、自学能力等进行综合评价。

4. 试剂与器材

1）试剂

(1) 5 mol/L NaCl 溶液：NaCl 292.3 g 溶于蒸馏水并稀释至 1000 mL。

(2) 0.14 mol/L NaCl-0.15 mol/L EDTA-Na_2 溶液：NaCl 8.18 g 及 EDTA-Na_2 55.8 g 溶于蒸馏水并稀释至 1000 mL。

(3) 25% SDS 溶液：SDS 25.0 g 溶于 45%（体积分数）乙醇 100.0 mL 中。

(4) 氯仿-异戊醇（体积比为 24∶1）混合液。

(5) 95%乙醇。

(6) 80%乙醇。

(7) pH 8.0 TE 缓冲液（1×）：在 500 mL 烧杯中分别量取 1 mol/L Tris-HCl 溶液（pH 值为 8.0）5 mL，0.5 mol/L EDTA 溶液（pH 值为 8.0）1 mL，向烧杯中加入约 400 mL 蒸馏水，均匀混合后，将溶液定容至 500 mL，高温高压灭菌，室温保存。

(8) TBE 缓冲液（5×）：取 Tris 5.4 g、硼酸 2.75 g，0.5 mol/L EDTA 溶液（pH 值为 8.0）2.0 mL 混合，定容至 100 mL。

(9) 上样缓冲液（6×）：取溴酚蓝 25.0 mg、蔗糖 4.0 g，以 5×TBE 缓冲液定容至 10 mL，分装成每管 1 mL，−20 ℃保存。

(10) EB 储备液（10 mg/mL）：称取 1.0 g EB，置于 100 mL 烧杯中，加入 80.0 mL 蒸馏水后搅拌溶解，定容至 100 mL，转移至棕色瓶中，室温保存。

(11) 琼脂糖凝胶（0.7%）。

(12) 动物肝脏、相对分子质量标准品。

2）器材

研钵、离心机、离心管、手术剪、刻度吸管、烧杯、玻璃棒、电泳仪、平板电泳槽、样品槽模板（梳子）、锥形瓶、紫外分析仪、一次性塑料手套、Eppendorf 管（1.5 μL）、移液枪、量筒、微波炉。

5. 实验步骤

1）肝脏破碎

取新鲜动物肝脏，称取约 10 g，冰浴中剪碎，加入约 20 mL 0.14 mol/L NaCl-0.15 mol/L EDTA-Na_2溶液，于研钵中研磨成匀浆，转入离心管中，以 4000 r/min 的转速离心 10 min，弃上清液，收集沉淀。

2）抽提 DNA

在上述沉淀物中加入约 2 倍体积的预冷 0.14 mol/L NaCl-0.15 mol/L EDTA-Na_2溶液，混合均匀后离心（4000 r/min，10 min），可重复洗涤 2～3 次，所得沉淀即为 DNA 粗制品。

3）分离蛋白质

(1) 向沉淀物中加入预冷 0.14 mol/L NaCl-0.15 mol/L EDTA-Na_2溶液，使总体积达到

20 mL,缓慢搅拌的同时滴加 25%SDS 溶液 1.5 mL,加完后再搅拌 10 min,使核酸与蛋白质彻底分离。

(2) 加入 5 mol/L NaCl 溶液 5 mL,使 NaCl 最终浓度约为 1 mol/L,再缓慢搅拌 10 min,溶液变得黏稠并略透明。

(3) 加入等体积的冷氯仿-异丙醇混合液,于冰浴中搅拌 20 min 后离心,(4000 r/min,10 min)。离心后离心管溶液可见明显分层(图 21-1),上层为水相(含 DNA 钠盐),中层为变性的蛋白质沉淀,下层为氯仿混合液。

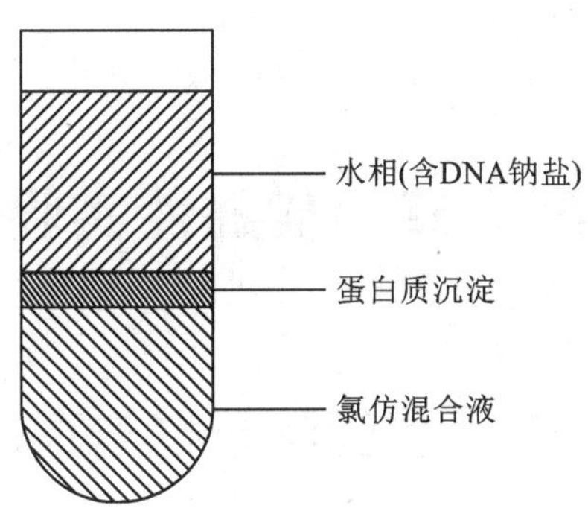

图 21-1　脱蛋白离心后的分层情况

4) 提取 DNA

(1) 用吸管小心地吸取上层水相,弃去沉淀,可重复抽提 2～3 次。上清液中缓缓加入 2 倍体积的预冷的 95%乙醇溶液,冰上静置 30 min 以上,可见丝状物沉淀慢慢析出。

(2) 8000 r/min 4 ℃离心 10 min,弃去上清液,沉淀用 1 mL 80%乙醇溶液离心洗涤 1 次(8000 r/min,10 min)。将离心管开盖,置于超净工作台中待沉淀干燥。加入 50～200 μL TE 缓冲液(视沉淀量而定),使 DNA 充分溶解,待用。

5) 制备琼脂糖凝胶板(0.8%)

(1) 称取 0.8 g 琼脂糖,置于锥形瓶中,加入 1×TBE 缓冲溶液 100 mL,于沸水浴中或微波炉中加热至熔化透明,制成 0.8%的琼脂糖胶液。待温度降至约 60 ℃,加入溴化乙锭(EB)溶液(终浓度为 0.5 μg/mL)3 μL,混匀,倒入电泳槽制胶板中,迅速插入梳子。待琼脂糖完全冷却凝固后(约 30 min),拔出梳子。

(2) 将制胶板放入电泳槽,样品穴在阴极端。向电泳槽中加入电极缓冲液(没过凝胶约 1 mm)。

6) 加样

将样品 DNA 溶液与上样缓冲液以 5∶1 的体积比混合,用微量移液器加样,每加完一个样品,冲洗 3 次。加样量 15～20 μL(加样时应防止碰坏样品孔周围的凝胶面以及穿透凝胶底部)。

7) 电泳

盖上电泳槽盖,正确连接电极,开始电泳。为了获得电泳分离 DNA 片段的最大分辨率,电场强度不应高于 5 V/cm(两电极间的距离)。开始时可使用较高电压(80 V),待样品进入胶内则需将电压调至 5 V/cm,当染料前沿移至距底边 1～2 mm 时,结束电泳。

8) 观察

电泳完毕后,切断电源。戴手套取出凝胶板,在紫外反射透射仪下观察提取的 DNA 区带。

9) 废弃物处理

废液倒入废液桶。

第三章

酶及维生素

第一节　基础性实验

实验 22　酶的特异性与高效性

一、酶的特异性

1. 实验目的

(1) 了解酶特异性的测定原理和方法。

(2) 了解酶作用的特点。

2. 实验原理

淀粉酶只能催化淀粉水解，而不能催化蔗糖水解。本实验以唾液淀粉酶及酵母蔗糖酶催化不同底物的水解作用，来观察酶的特异性。淀粉、蔗糖、棉子糖没有还原性，经酶作用后水解出的还原糖，能将班氏(Benedict)试剂中的 Cu^{2+} 还原成 Cu^{+}，形成红色的 Cu_2O。

3. 试剂与器材

1) 试剂

(1) 1%淀粉溶液(含 0.3% NaCl)：称取淀粉 1.0 g，加少量蒸馏水调成糊状，加煮沸的 0.3% NaCl 溶液到总体积为 100 mL。

(2) 1%蔗糖溶液。

(3) 1%棉子糖溶液。

(4) 17.3% $CuSO_4$ 溶液。

(5) 班氏试剂：取无水 $CuSO_4$ 1.47 g，溶于 100.0 mL 热水中，冷却后稀释到 150.0 mL，取柠檬酸钠 173.0 g、无水 Na_2CO_3 100.0 g 和蒸馏水 600.0 mL 共热，溶解后冷却并加蒸馏水至 850.0 mL，再将冷却后的 $CuSO_4$ 溶液 150.0 mL 倾入。

2) 器材

试管、刻度吸管、移液枪、量筒、漏斗、研钵、恒温水浴箱。

4. 实验步骤

(1) 收集唾液：取一个漏斗，塞一薄层脱脂棉，加少量蒸馏水湿润之后插入一支洁净试管内。漱口后收集唾液并过滤，吸取滤液 1.0 mL，用蒸馏水稀释 20 倍。

（2）取鲜酵母 50.0 g，放研钵中加水研磨，用滤纸过滤，滤液加 2 倍体积的丙酮使蛋白质沉淀。收集沉淀，除去丙酮后，溶于 100.0 mL 蒸馏水中，即为粗制酵母蔗糖酶溶液。

（3）取试管 8 支，按表 22-1 操作。

表 22-1　酶的特异性

	试管号							
	1	2	3	4	5	6	7	8
1%淀粉溶液体积/mL	0.1	—	—	—	0.1	—	—	—
1%蔗糖溶液体积/mL	—	0.1	—	—	—	0.1	—	—
1%棉子糖溶液体积/mL	—	—	0.1	—	—	—	0.1	—
唾液体积/mL	0.1	0.1	0.1	0.1	—	—	—	—
蔗糖酶溶液体积/mL	—	—	—	—	0.1	0.1	0.1	0.1

（4）将各管置于 37 ℃水浴中保温 10 min，各管加入班氏试剂 2 滴，然后置于沸水浴中 3 min，观察结果并解释。

5. 要点提示

（1）各管在水浴中必须混匀。

（2）随着水解液中还原糖量的不同，与班氏试剂加热后可呈现不同的颜色（砖红色、土黄色、黄绿色、绿色）。

二、酶的高效性

1. 实验目的

（1）了解酶高效性的测定原理和方法。

（2）了解酶作用的特点。

2. 实验原理

本实验以过氧化氢为底物，通过比较过氧化氢酶和铁离子催化反应速率的差异，了解酶促反应的高效性。

3. 试剂与器材

1）试剂

（1）血液：取草酸钾 10.0 g，加蒸馏水少许使其溶解，再加蒸馏水至 100.0 mL，配制成 10%的水溶液，每 5.0 mL 血液加草酸钾溶液 0.1 mL 抗凝。再用 0.9% NaCl 溶液稀释 1 倍。

（2）煮沸血液：取抗凝血液 5.0 mL，加 0.9% NaCl 溶液 5.0 mL，煮沸备用。

（3）30%过氧化氢溶液。

（4）0.2%三氯化铁溶液。

2）器材

试管、刻度吸管。

4. 实验步骤

取试管 4 支，编号，按表 22-2 操作。

表 22-2 酶的高效性

	试管号			
	1	2	3	4
30%过氧化氢溶液体积/mL	1	1	1	1
血液体积/mL	—	0.1	—	—
煮沸血液体积/mL	—	—	0.1	—
0.2%三氯化铁溶液体积/mL	—	—	—	0.1

混匀后静置 10 min,观察比较各管现象并解释。

5. 要点提示

酶的高效性实验中过氧化氢酶放氧快,操作要迅速。废液倒入废液桶。

6. 思维拓展

酶与一般催化剂有何不同?

实验 23 酶促反应动力学——pH 值、温度、激活剂、抑制剂对酶促反应速率的影响

1. 实验目的

(1) 了解 pH 值、温度、激活剂、抑制剂对酶活力的影响。

(2) 学习测定酶最适 pH 值。

2. 实验原理

酶促反应动力学研究酶促反应的速率以及各种因素,如底物浓度、酶浓度、pH 值、温度、激活剂、抑制剂对酶促反应速率的影响。对酶促反应动力学的研究有助于了解酶与底物的结合机制和作用方式,它是研究酶的结构与功能关系的一个重要方面。

酶常常在某 pH 值范围内才表现出最大活力,这种表现出酶最大活力时的 pH 值,就是酶的最适 pH 值。在最适 pH 值范围内,酶促反应速率最大,否则酶促反应速率降低。不同酶的最适 pH 值不同,唾液淀粉酶的最适 pH 值约为 6.8。

一种酶在一定条件下,只能在某一温度时才表现出最大活力,这个温度就是这种酶反应的最适温度。各种酶都有它的最适温度。最适温度的出现,是由于温度对酶的反应有双重影响。一方面,同一般化学反应一样,随着温度升高,酶催化的反应速率也加快;另一方面,由于酶是蛋白质,随着温度升高,酶蛋白的变性会加速,使酶的活力丧失。低温能降低或抑制酶的活力,但不能使酶失活。大多数动物酶的最适温度为 37～40 ℃,植物酶的最适温度为 50～60 ℃。

酶的活力常受某些物质的影响,有些物质能增加酶的活力,称为酶的激活剂;有些物质则会降低酶的活力,称为酶的抑制剂。例如 Cl^- 为唾液淀粉酶的激活剂,Cu^{2+} 则为该酶的抑制剂。

唾液淀粉酶可催化淀粉水解。淀粉遇碘呈蓝色。淀粉水解产物糊精按其分子大小,遇碘可呈蓝色、紫色、暗褐色或红色。最简单的糊精和麦芽糖遇碘不变色。在不同条件下,淀粉被唾液淀粉酶催化水解的程度可由水解混合物遇碘呈现的颜色来判断。

本实验以唾液淀粉酶为例,研究 pH 值、温度、激活剂、抑制剂对酶活力的影响,以 NaCl 和

$CuSO_4$ 对唾液淀粉酶活力的影响，观察酶的激活和抑制，并用 Na_2SO_4 做对照，测定酶最适 pH 值。

3. 试剂与器材

1）试剂

(1) 用 0.3% NaCl 溶液新配制 0.5%淀粉溶液：称取可溶性淀粉 0.5 g，先用少量 0.3% NaCl 溶液加热调成糊状，再用热的 0.3%NaCl 溶液稀释定容至 100 mL。

(2) 0.2 mol/L Na_2HPO_4 溶液：称取 $Na_2HPO_4 \cdot 7H_2O$ 53.65 g(或 $Na_2HPO_4 \cdot 12H_2O$ 71.7 g)，溶于少量蒸馏水中，移入 1000 mL 容量瓶，加蒸馏水到刻度。

(3) 0.1 mol/L 柠檬酸溶液：称取含一个水分子的柠檬酸 21.01 g，溶于少量蒸馏水中，移入 1000 mL 容量瓶，加蒸馏水至刻度。

(4) $KI\text{-}I_2$ 溶液：将 KI 20.0 g 及 I_2 10.0 g 溶于 100.0 mL 水中。使用前稀释 10 倍。

(5) 0.1%淀粉溶液：称取可溶性淀粉 0.1 g，先用少量水加热调成糊状，再加热水稀释定容至 100 mL。

(6) 1%NaCl 溶液。

(7) 1%$CuSO_4$ 溶液。

(8) 1%Na_2SO_4 溶液。

(9) 稀释 200 倍的新鲜唾液：在漏斗内塞入少量脱脂棉，下接洁净试管。漱口后收集、过滤唾液。取滤液 0.5 mL 放入锥形瓶内，加蒸馏水稀释定容至 100 mL，充分混匀。

2）器材

恒温水浴锅、试管、试管架、锥形瓶(50 mL 或 100 mL)、容量瓶(100 mL、1000 mL)、吸量管(1 mL、2 mL、5 mL、10 mL)、滴管、冰箱、漏斗、量筒、秒表、白瓷板、pH 试纸。

4. 实验步骤

1）pH 值对酶活力的影响

(1) 取 50 mL 锥形瓶 5 个，按表 23-1 的比例，用吸量管准确添加 0.2 mol/L Na_2HPO_4 溶液和 0.1 mol/L 柠檬酸溶液，制备 pH 值为 5.0～8.0 的 5 种缓冲液。

表 23-1 制备 pH 值为 5.0～8.0 的缓冲液

锥形瓶号	0.2 mol/L Na_2HPO_4 溶液体积/mL	0.1 mol/L 柠檬酸溶液体积/mL	缓冲液 pH 值
1	5.15	4.85	5.0
2	6.31	3.69	6.0
3	7.72	2.28	6.8
4	9.36	0.64	7.6
5	9.72	0.28	8.0

(2) 取干燥试管 6 支，编号。将 5 个锥形瓶中不同 pH 值的缓冲液各取 3 mL，分别加入相应号码的试管中。然后，再向每支试管中添加 0.5%淀粉溶液 2 mL。6 号试管与 3 号试管的内容物相同。

(3)向 6 号试管中加入稀释 200 倍的唾液 2 mL，摇匀后放入 37 ℃恒温水浴锅中保温。每隔 1 min 由 6 号试管中取出 1 滴混合液，置于白瓷板上，加 1 滴 $KI\text{-}I_2$ 溶液，检验淀粉的水解程度。待检验结果为橙黄色时，取出试管，记录保温时间。

(4)以 1 min 的间隔，依次向 1～5 号试管中加入稀释 200 倍的唾液 2.0 mL，摇匀，并以

1 min的间隔依次将 5 支试管放入 37 ℃恒温水浴锅中保温。然后,按照 6 号试管的保温时间,依次将各试管迅速取出,并立即加入 KI-I_2 溶液 2 滴,充分摇匀。观察各试管中呈现的颜色,判断在不同 pH 值下淀粉被水解的程度,可以看出 pH 值对唾液淀粉酶活力的影响,并确定其最适 pH 值。

2) 温度对酶活力的影响

(1) 取试管 3 支,编号后按表 23-2 加入试剂。

表 23-2 温度影响酶活力

	试管号		
	1	2	3
0.5%淀粉溶液体积/mL	1.5	1.5	1.5
稀释唾液体积/mL	1.0	1.0	—
煮沸过的稀释唾液体积/mL	—	—	1.0

(2) 摇匀后,将 1、3 号试管放入 37 ℃恒温水浴锅中,2 号试管放入冰水中。10 min 后取出(将 2 号管内液体均分为两份),用 KI-I_2 溶液来检验 1、2、3 号试管内淀粉被唾液淀粉酶水解的程度。记录结果并解释。将 2 号试管剩下的一半溶液放入 37 ℃水浴中继续保温 10 min,再用 KI-I_2 溶液检验,结果如何?

3) 激活剂和抑制剂对酶活力的影响

(1) 取试管 4 支,编号,按表 23-3 加入相应试剂。

表 23-3 激活剂和抑制剂影响酶活力

试管号	试剂加入量/mL					
	0.1%淀粉溶液	1%NaCl 溶液	1%$CuSO_4$ 溶液	1%Na_2SO_4 溶液	H_2O	1∶200 唾液
1	2.0	1.0	—	—	—	1.0
2	2.0	—	1.0	—	—	1.0
3	2.0	—	—	1.0	—	1.0
4	2.0	—	—	—	1.0	1.0

(2) 加毕,摇匀,同时置于 37 ℃恒温水浴锅中保温,每隔 2 min 取液体 1 滴置白瓷板上用 KI-I_2 溶液来检验,观察哪支试管内液体最先不呈现蓝色,哪支试管次之,说明原因。

4) 废弃物处理

废液倒入废液桶。

5. 要点提示

(1) 掌握 6 号试管的水解程度是 pH 值对酶活力的影响实验成败的关键之一。

(2) 淀粉溶液需新鲜配制,并注意配制方法。

(3) 严格控制温度。在保温期间,水浴温度不能波动,否则影响实验结果。

6. 思维拓展

(1) 在 pH 值对酶活力的影响实验中需要准确地控制酶与底物的作用时间和温度,你准备用怎样的手段来进行控制?

(2) 酶的作用为什么会有最适温度?

(3) 在激活剂和抑制剂对酶活力影响的实验中,NaCl 和 $CuSO_4$ 各起什么作用?

实验 24　过氧化氢酶米氏常数(K_m)的测定

1. 实验目的

(1) 理解米氏常数(K_m)的物理意义。

(2) 掌握双倒数作图法测定 K_m 值的原理和方法。

2. 实验原理

K_m 值为当酶促反应速率等于最大反应速率一半时的底物浓度。K_m 值是酶促反应的特征性常数,只与酶的性质、酶所催化的底物和酶促反应条件(如温度、pH 值、有无抑制剂等)有关,与酶的浓度无关。

本实验测定红细胞中过氧化氢酶(CAT)的米氏常数。过氧化氢酶催化下列反应:

$$2H_2O_2 \xrightarrow{\text{过氧化氢酶}} 2H_2O + O_2\uparrow$$

H_2O_2浓度可用 $KMnO_4$ 在硫酸存在下滴定测知。

$$2KMnO_4 + 5H_2O_2 + 3H_2SO_4 \longrightarrow 2MnSO_4 + K_2SO_4 + 5O_2\uparrow + 8H_2O$$

求出反应前、后 H_2O_2 的浓度差即为反应速率。作图求出过氧化氢酶的米氏常数。

米氏常数的测定:双倒数作图法(Lineweaver-Burk 法),以 1/[S]为横坐标,以 $1/v$ 为纵坐标求 K_m 值,如图 24-1 所示。

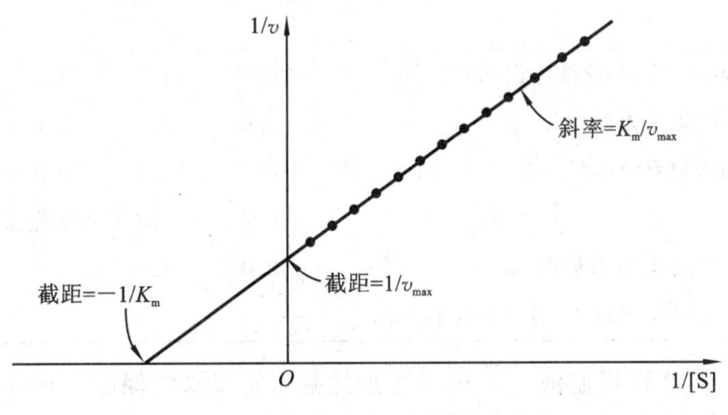

图 24-1　双倒数作图法

酶的种类不同,K_m 值不同,同一种酶与不同底物作用时,K_m 值也不同。K_m 值越大,酶与底物的亲和力越小;K_m 值越小,酶与底物亲和力越大。

3. 试剂与器材

1) 试剂

(1) 0.05 mol/L 草酸钠标准溶液:将草酸钠(AR)置于 105 ℃烘箱中烘至恒重。冷却后,准确称取 0.67 g,用蒸馏水溶解后移入 100 mL 容量瓶中,加入浓硫酸 5.0 mL,加水至刻度,充分混匀,储存备用。

(2) 0.02 mol/L $KMnO_4$ 储存液:称取 $KMnO_4$ 3.4 g,溶于 1000.0 mL 蒸馏水中,加热溶解,用表面皿盖住烧杯,在低于沸点的温度下加热数小时后,冷却过夜,过滤,棕色瓶中保存。

(3) 0.004 mol/L $KMnO_4$应用液:取 0.05 mol/L 草酸钠标准溶液 20.0 mL 于锥形瓶中,加浓 H_2SO_4 4.0 mL,于 70 ℃水浴中用 $KMnO_4$ 储存液滴定至微红色,根据滴定结果算出 $KMnO_4$ 储存液的浓度,稀释成 0.004 mol/L,使用前必须重新标定储存液。

(4) 0.05 mol/L H_2O_2 溶液:取20% H_2O_2 溶液(AR)40.0 mL于1000 mL容量瓶中,加蒸馏水至刻度,使用前用0.004 mol/L $KMnO_4$ 应用液标定,稀释至所需浓度。

(5) pH 7.0 0.2 mol/L 磷酸盐缓冲液。

(6) 人的新鲜血液。

2) 器材

容量瓶(1000 mL)、锥形瓶、碱式滴定管、烘箱、水浴锅、试管、试管架、试管夹。

4. 实验步骤

1) 血液稀释

吸取新鲜血液0.1 mL,用pH 7.0 0.2 mol/L磷酸盐缓冲液稀释至150 mL,得1∶1500稀释血液。

2) H_2O_2 溶液的标定

取洁净锥形瓶2个,各加浓度约为0.05 mol/L的 H_2O_2 溶液2.0 mL、25% H_2SO_4 溶液2.0 mL,分别用0.004 mol/L $KMnO_4$ 应用液滴定至微红色。从滴定用去 $KMnO_4$ 应用液的体积(mL),求出 H_2O_2 溶液的浓度。

3) 反应速率的测定

取干燥、洁净的50 mL锥形瓶5个,编号,按表24-1操作。

表24-1 酶促反应速率的测定

	锥形瓶号				
	1	2	3	4	5
0.05 mol/L H_2O_2 溶液体积/mL	0.5	1.0	1.5	2.0	2.5
蒸馏水体积/mL	3.0	2.5	2.0	1.5	1.0
血液稀释液体积/mL	0.5	0.5	0.5	0.5	0.5
	37 ℃水浴保温5 min				
25% H_2SO_4 溶液体积/mL	2.0	2.0	2.0	2.0	2.0
滴定消耗0.004 mol/L $KMnO_4$ 应用液体积/mL					

依次加入1∶1500稀释血液0.5 mL,边加边摇,37 ℃水浴保温5 min,按顺序向各瓶加25% H_2SO_4 溶液2.0 mL,边加边摇,使酶促反应立即终止。

最后用0.004 mol/L $KMnO_4$ 应用液滴定各瓶至微红色,记录 $KMnO_4$ 应用液消耗量(mL)。

4) 计算

(1) 反应瓶中 H_2O_2 浓度的计算:

$$\text{反应瓶中 } H_2O_2 \text{ 浓度(mol/L)} = \frac{H_2O_2 \text{ 浓度(mol/L)} \times \text{加入 } H_2O_2 \text{ 溶液体积(mL)}}{4} = \frac{H_2O_2 \text{ 物质的量(mmol)}}{4}$$

式中:4——反应液量(4 mL)。

(2) 反应速率的计算:以反应消耗的 H_2O_2 物质的量(mmol)表示。

$$\begin{aligned}\text{反应速率} &= \text{加入的 } H_2O_2 \text{ 物质的量(mmol)} - \text{剩余的 } H_2O_2 \text{ 物质的量(mmol)} \\ &= H_2O_2 \text{ 浓度(mol/L)} \times \text{加入的 } H_2O_2 \text{ 溶液体积(mL)} - \\ &\quad KMnO_4 \text{ 浓度(mol/L)} \times \text{消耗的 } KMnO_4 \text{ 溶液体积(mL)} \times 5/2\end{aligned}$$

式中：5/2——$KMnO_4$ 与 H_2O_2 反应中物质的量换算系数。

(3) 求 K_m 值。

下面以一次实验结果为例，求过氧化氢酶的 K_m 值，供计算参考。

已知 $KMnO_4$ 浓度为 0.004 mol/L，标定出 H_2O_2 浓度为 0.08 mol/L，计算见表 24-2。

表 24-2　计算示例

计算程序	1	2	3	4	5
①加入 H_2O_2 溶液体积/mL	0.50	1.00	1.50	2.00	2.50
②加入 H_2O_2 物质的量(mmol)=①×0.08	0.04	0.08	0.12	0.16	0.20
③底物浓度[S]=②/4	0.01	0.02	0.03	0.04	0.05
④酶作用后，滴定消耗 $KMnO_4$ 溶液体积/mL	1.35	3.70	6.40	9.80	13.20
⑤剩余 H_2O_2 物质的量(mmol)=④×0.004×5/2	0.0135	0.037	0.064	0.098	0.132
⑥反应速率 v=②-⑤	0.0265	0.043	0.056	0.062	0.068
⑦[S]/v=③/⑥	0.377	0.465	0.536	0.645	0.735

按前述方法作图，求得 K_m=0.032 mol/L。

5) 废弃物的处理

废液倒入废液桶。

5. 要点提示

(1) 加入 1∶1500 稀释血液后保温时间(5 min)要精确控制。

(2) H_2SO_4 的浓度较大，应小心操作，不要溅出。

(3) 作图应该用坐标纸，标明有关参数。

(4) 滴定操作：

① 使用滴定管前要先检查滴定管是否漏水或堵塞。

② 滴定管使用前要润洗，加 $KMnO_4$ 应用液至刻度线 24 mL 处。

③ 使用时，不能左右推动活塞，要以环指顶住管壁，拇指、食指和中指控制流量。

④ 加滴定液时，液面要稍高于零刻度线，然后排除尖端气体。

⑤ 读数时，视线要与液面凹处最低点相平。

6. 思维拓展

(1) 已知某种酶的 K_m 值为 0.05 mol/L，要使此酶所催化的反应速率达到最大反应速率的 80%时底物浓度应是多少？

(2) K_m 在实际工作中有哪些应用？

实验 25　唾液淀粉酶活力的测定

1. 实验目的

(1) 掌握测定唾液淀粉酶活力的方法，通过对唾液淀粉酶活力的测定，加深对酶活力概念的理解。

(2) 熟练操作分光光度计。

2. 实验原理

(1) 可溶性淀粉在适宜的条件下，可以被淀粉酶催化水解成糊精和麦芽糖。唾液淀粉酶活力测定是利用已知浓度的淀粉溶液作为底物,加入一定量的唾液,在适宜的条件下唾液中淀粉酶将部分淀粉水解,然后用碘液与未水解的淀粉产生显色反应,根据蓝色的深浅得出水解的淀粉的量,从而推算出淀粉酶活力。

(2) 唾液淀粉酶活力单位定义:1 mL 唾液中的淀粉酶于 37 ℃下,保温 30 min 使 10 mg 淀粉完全水解时,称为 1 个唾液淀粉酶活力单位(U)。正常值为 4～110 U/mL。

3. 试剂与器材

1) 试剂

(1) 0.16%淀粉溶液:于 1000 mL 烧杯中加入 800.0 mL 蒸馏水,加热至沸备用。准确称取可溶性淀粉 1.6 g 于 50 mL 小烧杯中,以 200.0 mL 蒸馏水调匀,引入备用沸水中,继续沸腾 1 min(沸腾时间不宜过长,否则可能引起水解),冷却至室温,倒入 1000 mL 容量瓶中,以蒸馏水洗烧杯数次,洗液并入容量瓶中,最后用蒸馏水稀释至刻度即得(pH 值应为 6.6～7.0)。置于冰箱中保存备用。如保存时间较长,须加苯甲酸防腐,如发现絮状沉淀物则不可再用。

(2) 碘液。

① 碘储存液:精确称取碘酸钾 1.784 g、KI 22.5 g,置于 500 mL 烧杯中,加入约 350.0 mL 蒸馏水,并缓缓加入浓盐酸 4.5 mL,溶解后混匀,倒入 500 mL 容量瓶中,以蒸馏水清洗烧杯数次,洗液并入容量瓶中,最后以蒸馏水稀释至刻度,置于冰箱中备用。

② 碘应用液:准确量取碘储存液 50.0 mL 于 500 mL 容量瓶中,以蒸馏水稀释至刻度,倒入棕色瓶中,在冰箱内保存备用。

(3) 0.1% $HgCl_2$ 溶液:称取 $HgCl_2$ 0.1 g,溶于 100.0 mL 蒸馏水中。

2) 器材

可见光分光光度计、试管、烧杯、刻度吸管、比色管、锥形瓶、洗耳球、恒温水浴锅、擦镜纸、天平、玻璃棒、容量瓶(500 mL、1000 mL)。

4. 实验步骤

1) 制取测定液

在漏斗内塞入少量脱脂棉,下接洁净试管。漱口后收集唾液并过滤。取滤液 1.0 mL 放入锥形瓶内,加蒸馏水稀释至 100 mL,充分混匀,此试管中唾液稀释倍数为 100 倍,作为备用唾液管。

另取 50 mL 比色管 1 支,吸取 0.16%淀粉溶液 5.0 mL 置入管内并在 37 ℃水浴中保温 5 min,备用。

将备用唾液管中溶液全部引入上述比色管中,并以蒸馏水洗试管 2 次(每次 10 滴左右),洗液并入比色管中。立即将上述比色管置于 37 ℃水浴中保温 10 min。保温完毕,立即加入 0.1% $HgCl_2$ 溶液 3 滴,摇匀,加碘应用液 1.0 mL,摇匀,并加蒸馏水至刻度,混匀。

2) 制取对照液

取 50 mL 比色管 1 支,加入 0.16%淀粉溶液 5.0 mL,与测定管同时置于 37 ℃水浴中保温 10 min。保温完毕,立即加入 0.1% $HgCl_2$ 溶液 3 滴,摇匀,随后加碘应用液 1.0 mL,摇匀,并加蒸馏水至刻度,混匀。

3) 比色

在 660 nm 波长处,以蒸馏水调零,分别测定测定管及对照管溶液的吸光度。

4) 计算

$$\text{淀粉酶活力(U)}=\frac{(A_{660\text{对照}}-A_{660\text{测定}})\times 240}{A_{660\text{对照}}}$$

5）废弃物的处理

废液倒入废液桶。

5. 要点提示

(1) 凡是酶学实验，器材必须干净，低温下操作，避免杂质和抑制因素的干扰；每次取液前应将滴管用蒸馏水洗净。

(2) 不同人的唾液淀粉酶的活力不同，若制得的酶活力太高或太低，可向系统中加入适量淀粉或唾液，或重新制取酶。

(3) 淀粉溶液需要现用现配。

(4) 测定时，一般吸光度值读数应在 0.1～0.8，超出此范围时应酌情调整溶液的稀释倍数，否则会有误差。

(5) 由于唾液淀粉酶活力较大，作为底物的可溶性淀粉溶液的浓度必须选择适当。如浓度太大则对照管吸光度太高，由分光光度计本身引起的误差增大；如浓度偏小，则淀粉几乎完全水解，结果难以测定。浓度为 0.16%比较合适。但当酶活力大于 150 U 时应做 1～2 倍稀释再进行测定，测定结果再乘稀释倍数。

(6) 全部时间应该控制在 2～2.5 min，否则应改变稀释倍数，重新测定。

(7) 实验中，吸取可溶性淀粉及稀释唾液淀粉酶的量必须准确，否则误差较大。

6. 思维拓展

(1) 为什么可以用 $KI\text{-}I_2$ 溶液作为指示剂检查唾液淀粉酶活力？

(2) 通过几个酶学实验，谈谈你对下面问题的认识。

① 酶作为生物催化剂有哪些特征？

② 进行酶的实验时必须注意控制哪些条件？为什么？

实验 26　琥珀酸脱氢酶的竞争性抑制

琥珀酸脱氢酶的竞争性抑制原理

1. 实验目的

(1) 掌握测定琥珀酸脱氢酶活力的原理及简易方法。

(2) 了解丙二酸对琥珀酸脱氢酶的竞争性抑制作用。

2. 实验原理

琥珀酸脱氢酶是三羧酸循环中的一种重要的酶，测定细胞中有无这种酶可以初步鉴定三羧酸循环途径是否存在。琥珀酸脱氢酶可使其底物脱氢，产生的氢可通过一系列传递体最后递给氧而生成水。

丙二酸的化学结构与琥珀酸相似，它能与琥珀酸竞争而和琥珀酸脱氢酶结合。若琥珀酸脱氢酶已与丙二酸结合，则不能再催化琥珀酸脱氢，这种现象称为竞争性抑制。如相对地增加琥珀酸的浓度，则可减轻丙二酸的抑制作用。琥珀酸脱氢酶活力越高，甲烯蓝脱色所需时间越短，因此，甲烯蓝脱色所需时间的倒数可用来表示琥珀酸脱氢酶的活力。

肌肉组织中含有琥珀酸脱氢酶，可使琥珀酸脱氢生成延胡索酸，体外实验可人为地使反应在无氧条件下进行，如心肌中的琥珀酸脱氢酶在缺氧的情况下，反应中生成的 $FADH_2$ 脱下的氢可将蓝色的甲烯蓝还原成无色的甲烯白，这样便可以显示琥珀酸脱氢酶的作用。

$$\text{琥珀酸}+\text{甲烯蓝}\xrightarrow[\text{无氧条件}]{\text{琥珀酸脱氢酶}}\text{延胡索酸}+\text{甲烯白}$$

（氧化型，蓝色）　　　　　　（还原型，无色）

3. 试剂与器材

1) 试剂

(1) 1.5%琥珀酸钠溶液:称取琥珀酸钠 1.5 g,用蒸馏水溶解并稀释至 100 mL。如无琥珀酸钠,可用琥珀酸配成水溶液后,以 NaOH 溶液调至 pH 值为 7.0~8.0。

(2) 1%丙二酸钠溶液:称取丙二酸钠 1.0 g,用蒸馏水溶解并稀释至 100 mL。

(3) 0.02%甲烯蓝溶液。

(4) 1/15 mol/L Na_2HPO_4 溶液:取 $Na_2HPO_4 \cdot 2H_2O$ 11.8 g,用蒸馏水溶解并稀释至 1000 mL。

(5) 液状石蜡。

2) 器材

试管、刻度吸管、量筒、漏斗、研钵、恒温水浴箱、组织捣碎机。

4. 实验步骤

(1) 猪心脏制备液:称取新鲜猪心 1.5~2.0 g,放入组织捣碎机中,加入等体积的石英砂及冰冷的 1/15 mol/L Na_2HPO_4 溶液 3.0~4.0 mL,捣碎成匀浆,再加入 1/15 mol/L Na_2HPO_4 溶液 6.0~7.0 mL,放置 1 h,不时摇动,离心,取上清液备用。

(2) 取 4 支试管,编号,并按表 26-1 操作。

表 26-1 酶的竞争性抑制

试管号	猪心脏制备液加入量/滴	1.5%琥珀酸钠溶液加入量/滴	1%丙二酸钠溶液加入量/滴	蒸馏水加入量/滴	0.02%甲烯蓝溶液加入量/滴	褪色时间
1	5	5	—	10	2	
2	5(先煮沸)	5	—	10	2	
3	5	5	5	5	2	
4	5	10	5	5	2	

(3) 各试管溶液混匀后,沿各试管壁加液状石蜡 5~10 滴,使其在液面形成一薄层以隔绝空气。

(4) 将各试管置于 37 ℃水浴中,0.5 h 内观察各试管溶液颜色变化,记录各试管保温开始时间及甲烯蓝开始脱色的时间,比较其速率并说明原因。然后将 1 号管用力摇动,观察其有何变化。为什么?

(5) 由于本实验的试剂不属于有毒试剂,也不会改变环境 pH 值,故本次实验直接用稀释法来进行废液的处理。

5. 要点提示

(1) 酶液的提取必须在冰浴下进行。

(2) 各试管溶液在水浴中必须混匀。加完液状石蜡后,观察甲烯蓝变色时不要振荡试管,以免氧气进入试管内影响变色,干扰实验结果。

(3) 2 号试管所加酶液需在沸水浴中煮沸,以使酶完全失活。

6. 思维拓展

各试管中甲烯蓝的褪色情况有何不同?为什么?

第二节 综合性实验

实验 27 脲酶的活力测定

脲酶知识拓展

1. 实验目的

(1) 学习大豆脲酶的提取方法。

(2) 掌握脲酶米氏常数(K_m)的测定方法。

(3) 学习测定脲酶活力的方法。

(4) 通过本次综合性实验,培养学生实事求是的科学态度和合作精神。

2. 实验原理

米氏常数一般可看作酶促反应中间产物的解离常数。测定 K_m 值在研究酶的作用机制、观察酶与底物间的亲和力、鉴定酶的种类及纯度、区分竞争性抑制与非竞争性抑制作用等研究中均具有重要的意义。

当环境温度、pH 值和酶的浓度等条件相对恒定时,酶促反应的初速率 v 随底物浓度[S]增大而增大,直至酶全部被底物所饱和达到最大速率 v_{max}。反应初速率与底物浓度之间的关系经推导可用下式来表示,即米氏方程:

$$v=\frac{v_{max}[S]}{K_m+[S]}$$

对于 K_m 值的测定,通常采用 Lineweaver-Burk 法,即双倒数作图法。具体做法如下。

取米氏方程的倒数形式:

$$\frac{1}{v}=\frac{K_m}{v_{max}}\cdot\frac{1}{[S]}+\frac{1}{v_{max}}$$

若以 $1/v$ 对 $1/[S]$作图,则可得图 27-1 中的曲线,通过计算横轴截距的负倒数,就可以很方便地求得 K_m 值。

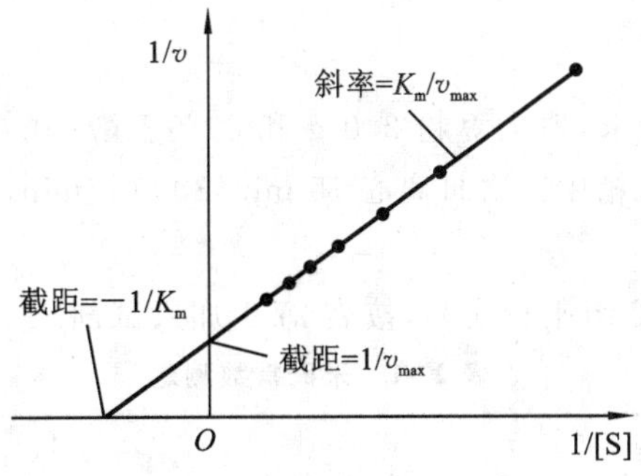

图 27-1 双倒数作图法

本实验从大豆中提取脲酶,脲酶催化尿素分解产生碳酸铵,碳酸铵在碱性溶液中与奈氏试剂作用,产生棕红色的碘化双汞铵。

$$\begin{array}{c} NH_2 \\ | \\ C{=}O \\ | \\ NH_2 \end{array} + H_2O \longrightarrow \left[\begin{array}{c} OH \\ | \\ C{=}O \\ | \\ NH_2 \end{array} + NH_3 \rightleftharpoons \begin{array}{c} ONH_4 \\ | \\ C{=}O \\ | \\ NH_2 \end{array} \right] \xrightarrow{H_2O} 2NH_3 + H_2CO_3$$

$$NH_3 \xrightarrow{OH^-} NH_4OH$$

$$NH_4OH + 2(HgI_2 \cdot 2KI) + 3NaOH \longrightarrow O\begin{array}{c} Hg \\ \\ Hg \end{array}NH_2I + 4KI + 3NaI + 3H_2O$$

（棕红色）

在一定范围内，呈色深浅与碳酸铵的产量成正比。通过分光光度计所测得的吸光度值可代表酶促反应的初速率。

3. 试剂与器材

1）试剂

(1) 0.05 mol/L 尿素溶液。

(2) pH 7.0 0.1 mol/L Tris-HCl 缓冲液。

(3) 10% $ZnSO_4$ 溶液。

(4) 0.5 mol/L NaOH 溶液。

(5) 10%酒石酸钾钠溶液。

(6) 奈氏试剂：取 KI 75.0 g、I_2 55.0 g、蒸馏水 50.0 mL 以及汞 75.0 g，置于 500 mL 锥形瓶内，用力振荡约 15 min，待碘色消失时，溶液即产生高热。将锥形瓶浸在冷水中继续摇荡，一直到溶液呈绿色时为止。将上清液倾入 1000 mL 量筒内，并用蒸馏水洗涤残渣，将洗涤液也倾入量筒中，最后加蒸馏水至 1000 mL，此即为母液。使用时取母液 15.0 mL，加 10% NaOH 溶液 70.0 mL 及蒸馏水 13.0 mL 混合即成。

(7) 30%乙醇。

(8) 新鲜大豆。

2）器材

分光光度计、恒温水浴锅、离心机、刻度吸管、漏斗、试管、锥形瓶、烧杯、粉碎机。

4. 实验步骤

1）制备脲酶提取液

将大豆用粉碎机制成粉末，取大豆粉 2.0 g 和 30%乙醇 20.0 mL 置于锥形瓶内，在低温下，充分摇匀 30 min，置于冰箱中。次日离心 15 min(3000 r/min)，取上清液即为脲酶提取液。

2）测定米氏常数(K_m)

取 10 支试管，编号，做 2 组平行实验，按表 27-1 加入试剂。

表 27-1 米氏常数测定

	试管号				
	0	1	2	3	4
0.05 mol/L 尿素溶液体积/mL	0.25	1.0	0.5	0.4	0.25
其中尿素的物质的量/mol					
蒸馏水体积/mL	0.75	—	0.5	0.6	0.75

续表

	试管号				
	0	1	2	3	4
pH 7.0 0.1 mol/L Tris-HCl 缓冲液体积/mL	3.0	3.0	3.0	3.0	3.0
	25 ℃恒温水浴，预热 5 min				
脲酶提取液体积/mL	—	0.1	0.1	0.1	0.1
煮沸的脲酶提取液体积/mL	0.1	—	—	—	—
	25 ℃恒温水浴，10 min				
10% $ZnSO_4$ 溶液体积/mL	1.0	1.0	1.0	1.0	1.0
0.5 mol/L NaOH 溶液体积/mL	0.2	0.2	0.2	0.2	0.2
	充分混匀，过滤，取上清液供以下实验使用				
	另取 5 支试管，与上述离心管对应编号，如下操作				
上清液体积/mL	0.5	0.5	0.5	0.5	0.5
蒸馏水体积/mL	4.0	4.0	4.0	4.0	4.0
10%酒石酸钾钠溶液体积/mL	0.5	0.5	0.5	0.5	0.5
奈氏试剂体积/mL	1.0	1.0	1.0	1.0	1.0
	混合均匀，以对照管调零，在 480 nm 波长处，读取各管的 A_{480}				
A_{480}					

$$[S]=每管中尿素的物质的量(mol)/(4.1\ mL\times 10^{-3}\ L/mL)$$

式中：4.1 mL——酶促反应总体积。

以酶促反应初速率的倒数（以 $1/A_{480}$ 代替）为纵坐标，以保温混合液中脲酶提取液浓度（以物质的量的倒数计）为横坐标，按双倒数作图法，求得 K_m 值。

3）脲酶的活力测定

（1）制作标准曲线。

取 6 支试管，编号，按表 27-2 加入试剂和操作。

表 27-2 制作标准曲线

	试管号					
	0	1	2	3	4	5
0.01 mol/L $(NH_4)_2SO_4$ 溶液体积/mL	0	0.1	0.2	0.3	0.4	0.5
其中 $(NH_4)_2SO_4$ 的物质的量/mol						
蒸馏水体积/mL	0.5	0.4	0.3	0.2	0.1	—
pH 7.0 0.1 mol/L Tris-HCl 缓冲液体积/mL	3.0	3.0	3.0	3.0	3.0	3.0
0.5 mol/L NaOH 溶液体积/mL	0.2	0.2	0.2	0.2	0.2	0.2
蒸馏水体积/mL	7.0	7.0	7.0	7.0	7.0	7.0
10%酒石酸钾钠溶液体积/mL	0.5	0.5	0.5	0.5	0.5	0.5
奈氏试剂体积/mL	1.0	1.0	1.0	1.0	1.0	1.0
	混合均匀，以对照管调零，在 480 nm 波长处，读取各管的 A_{480}					
A_{480}						

以 A_{480} 为纵坐标,保温液中 $(NH_4)_2SO_4$ 的物质的量(μmol)为横坐标,绘制标准曲线。

(2) 脲酶活力测定。

① 测定方法。

准确量取 0.05 mol/L 尿素溶液 0.4 mL(底物过量)、蒸馏水 0.1 mL、pH 7.0 Tris-HCl 缓冲液 3.0 mL,充分混合。25 ℃水浴预热 5 min,加入稀释 3 倍的脲酶提取液 0.1 mL,充分混匀,25 ℃水浴 10 min,加入 0.5 mol/L NaOH 溶液 0.2 mL、蒸馏水 7.0 mL、10%酒石酸钾钠溶液 0.5 mL、奈氏试剂 1.0 mL,混合均匀,在 480 nm 波长处读取 A_{480}。

② 计算。

对照标准曲线,可以得到单位时间内碳酸铵的生成量。

脲酶的一个活力单位(U)定义:在 25 ℃、pH 值为 7.0 的条件下,每分钟释放 1 μmol 碳酸铵。1 个 Sumner 单位:20 ℃下,5 min 内能产生 1 mg 氨基氮所需的酶量。

1 Sumner 单位=14.3 国际单位(U)

4) 废弃物处理

由于实验中的奈氏试剂含有汞,将实验所用的试剂先采用静态吸附法,首先沉淀,后吸附。用硫化钠使汞离子转化为硫化汞沉淀析出,同时除去废水悬浮物,用氢氧化钙调节 pH 值,以硫酸亚铁($FeSO_4$)为凝聚剂,用活性炭吸附泄漏的金属汞和汞化物,这样处理过的净化液所含的残余汞能达到国家规定的排放标准。

5. 要点提示

(1) 大豆粉中含脲酶不均一,酶浓度需做预实验稀释或酌情加量,原则上要求尿素浓度最大的一管的吸光度值在 0.5~0.7。另外,脲酶需新鲜配制,本实验脲酶提取液的制备最好在 0~5 ℃下进行,在室温下放置不应超过 12 h,在冰箱内放置不应超过 24 h,否则会影响实验结果。

(2) 本实验为酶的定量实验,所加试剂量必须准确。

(3) 试管应洁净、干燥,否则不仅会影响酶促反应,而且会使奈氏试剂呈色、变混浊。

(4) 加奈氏试剂时应迅速、准确,立即摇匀,马上比色,否则容易变混浊。实验中加入酒石酸钾钠,目的在于防止奈氏试剂变混浊。

(5) 加入的 $ZnSO_4$ 可以吸附酶蛋白,起助滤作用。另外,$ZnSO_4$ 起终止反应的作用。

(6) 为保持酶促反应时间一致,应先做好准备工作,设计好加样顺序。

6. 思维拓展

要比较准确地测得脲酶的 K_m 值,实验操作时应注意哪些关键环节?

实验 28　肝脏谷丙转氨酶活力的测定

肝脏谷丙转氨酶活力的测定

1. 实验目的

(1) 学习测定谷丙转氨酶活力的原理。

(2) 掌握分光光度法定量测定技术。

2. 实验原理

转氨酶又叫氨基转换酶,催化转氨基反应,即催化 α-氨基酸的 α-氨基与 α-酮酸的 α-酮基互换,在氨基酸的分解、合成及三大物质的相互联系、相互转化中起很重要的作用。转氨酶种类很多，在动物的心、脑、肾、肝细胞中含量很高，在植物和微生物中分布也很广，其中以谷丙转氨酶(GPT)和谷草转氨酶(GOT)活力最强，GPT 在肝细胞中含量最丰富，它催化 α-酮戊二酸和 L-丙氨酸反应生成 L-谷氨酸和丙酮酸。正常人的血清中 GPT 含量很少，活力很低。但当肝细胞受损时(如肝炎等病变)，酶从肝细胞释放到血液中，使血清中的 GPT 活力显著增高。测定 GPT 是临床上检查肝功能是否正常的重要指标之一。

$$\underset{\text{α-酮戊二酸}}{HOOC{-}CH_2{-}CH_2{-}C(=O){-}COOH} + \underset{\text{L-丙氨酸}}{H{-}C(CH_3)(COOH){-}NH_2} \xrightleftharpoons{\text{谷丙转氨酶(GPT)}} \underset{\text{谷氨酸}}{HOOC{-}CH_2{-}CH_2{-}C(H)(NH_2){-}COOH} + \underset{\text{丙酮酸}}{CH_3{-}C(=O){-}COOH}$$

GPT 作用于 L-丙氨酸和 α-酮戊二酸后生成的一种产物丙酮酸可与 2，4-二硝基苯肼反应，生成丙酮酸 2，4-二硝基苯腙。丙酮酸 2，4-二硝基苯腙在碱性条件下呈棕红色，其颜色的深浅与丙酮酸的含量成正比，可用可见光分光光度计进行定量测定。由丙酮酸 2，4-二硝基苯腙的生成量，可进行 GPT 活力的测定并计算出血清中 GPT 活力。

$$\underset{\text{丙酮酸}}{CH_3{-}C(=O){-}COOH} + \underset{\text{2,4-二硝基苯肼}}{H_2N{-}NH{-}C_6H_3(NO_2)_2} \longrightarrow \underset{\text{2,4-二硝基苯腙}}{\underset{\text{丙酮酸}}{CH_3{-}C(COOH){=}N{-}NH{-}C_6H_3(NO_2)_2}} + H_2O$$

α-酮戊二酸也能与 2，4-二硝基苯肼结合，生成相应的苯腙，但后者在碱性溶液中吸收光谱与丙酮酸 2，4-二硝基苯腙稍有差别，在 520 nm 波长处，α-酮戊二酸 2，4-二硝基苯腙的吸光度远较丙酮酸 2，4-二硝基苯腙低(约相差 3 倍)。经转氨基作用后，α-酮戊二酸减少而丙酮酸增加，因此在 520 nm 波长处吸光度值增加的程度与反应体系中丙酮酸与 α-酮戊二酸的物质的量之比基本上呈线性关系，故可借此测定 GPT 的活力。

但是，由于在实验中不宜有过多的 α-酮戊二酸以降低其对显色的干扰，因此，对作为底物的 α-酮戊二酸浓度作了一定的限制，从而不能保证酶反应充分进行，以致丙酮酸产量与酶量之间的关系并不始终呈一直线关系。当酶量增大时，曲线斜率减小。因此在测定时，如酶活力较大(大于 100 U)，应将样品稀释后再进行测定。

另外，2，4-二硝基苯肼对此显色反应也有一定的干扰，因此，在制作丙酮酸标准曲线时，虽没有加 α-酮戊二酸，但是丙酮酸 2，4-二硝基苯腙的吸光度值与丙酮酸含量之间的关系也并不始终呈一直线关系，丙酮酸含量增大时，曲线斜率降低，因此，必须采用标准曲线中呈现出直线关系的部分来测定丙酮酸的生成量。

3. 试剂与器材

1) 试剂

(1) pH 7.4 0.1 mol/L 磷酸盐缓冲液：称取 $Na_2HPO_4 \cdot 2H_2O$ 2.8844 g(或 $Na_2HPO_4 \cdot 12H_2O$ 5.8028 g)和 $NaH_2PO_4 \cdot H_2O$ 0.5244 g(或 $NaH_2PO_4 \cdot 2H_2O$ 0.5930 g)，溶于 200.0 mL 蒸馏水中。

(2) 2.0 μmol/mL 丙酮酸钠标准溶液:取丙酮酸钠 22.0 mg,溶于 100.0 mL pH 7.4 0.1 mol/L磷酸盐缓冲液中(当日配制)。

(3) GPT 底物液:称取分析纯 α-酮戊二酸 29.2 mg 和 L-丙氨酸 0.891 g(或 DL-丙氨酸 1.782 g),溶于适量的 pH 7.4 0.1 mol/L 磷酸盐缓冲液中,用 1 mol/L NaOH 溶液调 pH 值为 7.4,再以 pH 7.4 0.1 mol/L 磷酸盐缓冲液定容至 100 mL,然后加氯仿数滴防腐。此溶液每毫升含 α-酮戊二酸 2.0 μmol、丙氨酸 200 μmol,冰箱中可保存 1 周。

(4) 2,4-二硝基苯肼溶液:取 2,4-二硝基苯肼 19.8 mg,加入 7 mL 浓盐酸中,不断摇动,待溶解后加蒸馏水定容至 100 mL,棕色瓶中保存。

(5) 0.4 mol/L NaOH 溶液。

(6) 生理盐水。

2) 器材

恒温水浴锅、可见光分光光度计、试管及试管架、刻度吸管、坐标纸、不锈钢剪刀、电子天平。

4. 实验步骤

1) 标准曲线制作

(1) 取试管 6 支,编号,按表 28-1 所列次序加入试剂。

表 28-1 制作标准曲线

	试管号					
	0	1	2	3	4	5
pH 7.4 0.1 mol/L 磷酸盐缓冲液体积/mL	0.10	0.10	0.10	0.10	0.10	0.10
GPT 底物液体积/mL	0.50	0.45	0.40	0.35	0.30	0.25
2.0 μmol/mL 丙酮酸钠标准溶液体积/mL	0.00	0.05	0.10	0.15	0.20	0.25
相当于丙酮酸实际含量/μmol	0	0.1	0.2	0.3	0.4	0.5

(2) 混匀后,37 ℃水浴预热 5 min,再分别加入 2,4-二硝基苯肼溶液 0.5 mL,混匀,保温 20 min,各加入 0.4 mol/L NaOH 溶液 5.0 mL,混匀,继续保温 10 min,取出,冷却至室温。

(3) 以 0 号试管为对照,在 520 nm 波长处用可见光分光光度计测定各管的 A_{520}。

(4) 以丙酮酸的实际含量(μmol)为横坐标,各管的 A_{520} 为纵坐标,在坐标纸上绘出标准曲线。

2) 肝匀浆制备

(1) 将小白鼠处死,立即取出肝脏,用生理盐水冲洗,滤纸吸干,称取肝脏 0.5 g,剪成小块,置于玻璃匀浆管内,加入 4.5 mL 预冷的 pH 7.4 0.1 mol/L 磷酸盐缓冲液,制成 10%肝匀浆,冰冻保存,以备下列实验。

(2) 吸取上述肝匀浆 0.1 mL 于另一试管中,加入预冷的 pH 7.4 0.1 mol/L 磷酸盐缓冲液 4.9 mL,摇匀,稀释肝匀浆(稀释 50 倍)。

3) GPT 活力的测定——标准曲线法

(1) 取试管 2 支,标明测定管和空白管,各加入 GPT 底物液 0.5 mL,37 ℃水浴保温 5 min。

(2) 向测定管中加入血清 0.1 mL,混匀后立即计时,继续在 37 ℃水浴中保温 30 min。

(3) 至 30 min 后,向测定管和空白管中各加入 2,4-二硝基苯肼溶液 0.5 mL,混匀,向空白管中补加 0.1 mL 蒸馏水。

(4) 取 2 支试管各加入 0.4 mol/L NaOH 溶液 5.0 mL，混匀，保温 10 min 后取出，冷却至室温。

(5) 以空白管为对照，读取 520 nm 波长处测定 A_{520}。

(6) 在标准曲线上查出丙酮酸的物质的量，并换算出丙酮酸的质量。

4) GPT 活力的测定——标准管法

(1) 取试管 4 支，分别注明“测定管”“标准管”“对照管”“空白管”，按表 28-2 进行操作。37 ℃水浴保温 5 min。

表 28-2　GPT 活力的测定

	试管			
	测定管	标准管	对照管	空白管
GPT 底物液体积/mL	0.5	0.5	—	—
	37 ℃水浴保温 5 min			
稀释肝匀浆体积/mL	0.1	标准丙酮酸 0.1	0.1	0.1 mL H_2O
	混匀后，37 ℃水浴准确保温 30 min			
2,4-二硝基苯肼溶液体积/mL	0.5	0.5	0.5	0.5
GPT 底物液体积/mL	—	—	0.5	0.5
	混匀后，37 ℃水浴准确保温 20 min			
0.4 mol/L NaOH 溶液体积/mL	5.0	5.0	5.0	5.0

(2) 混匀后，静置 10 min，于 520 nm 波长处进行比色。读取测定管与对照管的吸光度值，将测定管吸光度值减去对照管吸光度值然后与标准管相比算出其所含丙酮酸的量。

5) GPT 活力计算

本法规定酶在 37 ℃与底物作用 30 min 后，能产生 2.5 μg 的丙酮酸为一个 GPT 活力单位。

据此计算每毫升稀释肝匀浆的 GPT 活力单位以及每克肝脏的 GPT 活力单位。

(1) 每毫升稀释肝匀浆的 GPT 活力单位：

$$D=\frac{(A-B)\times 500}{S\times 2.5}=\frac{(A-B)\times 200}{S}$$

式中：D——每毫升稀释肝匀浆的 GPT 活力单位(U/mL)；

A——样品管吸光度值；

B——对照管吸光度值；

S——标准管吸光度值；

500——标准丙酮酸质量浓度(μg/mL)；

2.5——GPT 换算单位系数。

(2) 每克肝脏的 GPT 活力单位：

$$D'=D\times 50\times\frac{5}{0.5}$$

式中：D'——每克肝脏的 GPT 活力单位(U/g)；

D——每毫升稀释肝匀浆的 GPT 活力单位(U/mL)；

50——稀释倍数；

5——0.5 g 肝脏制成 5 mL 肝匀浆；

0.5——0.5 g 肝脏。

6）废弃物处理

(1) 废液：本实验产生的废液，特别是强酸和强碱，不能直接倒入水槽中，必须倒入专门的废液桶；实验完成后的沉淀物或其他混合物，含有毒、有害或贵重药品者不可随意丢弃，必须放入专门的容器，最后由实验主管部门统一回收处理。

(2) 动物尸体：本实验中正常死亡的动物，如失血过多、创伤等，以及实验处死的动物，应装入垃圾袋内并交学校动物中心处理。注意实验动物禁止食用。

5. 要点提示

(1) 制作标准曲线时，需加入一定量的 GPT 底物液(内含 α-酮戊二酸)，以抵消由于 α-酮戊二酸与 2,4-二硝基苯肼反应生成 α-酮戊二酸 2,4-二硝基苯腙的消光影响。

(2) 当酶浓度较低时，测定值与空白值相差很小，准确性较差。

(3) 为防止测定中造成的误差，少量液体的加入最好用准确度很高的移液枪代替刻度吸管。

6. 思维拓展

(1) 准确测定肝脏 GPT 活力的关键是什么？

(2) 肝脏 GPT 活力在临床诊断中有什么意义？

实验 29　碱性磷酸酶的分离纯化及比活力测定

1. 实验目的

(1) 了解酶分离纯化的基本实验技术。

(2) 掌握碱性磷酸酶活力及比活力测定的一般方法。

2. 实验原理

碱性磷酸单酯酶广泛分布于原核生物及真核生物各组织中，一般存在于外周胞质中。与其他分泌蛋白一样，它是以前体的形式分泌的，在膜通道中最终形成成熟的碱性磷酸单酯酶，成为主要存在于质膜上的一种膜结合蛋白。哺乳动物中发现了四种该酶的同工酶。

碱性磷酸单酯酶以二聚体形式存在。这两条链的蛋白序列完全相同，但二级结构有细微差异。每条单链含两个 Zn^{2+}、一个 Mg^{2+} 和一个磷酸基团，Zn^{2+} 的作用是稳定酶的三级和四级结构，Mg^{2+} 参与催化反应，磷酸基团是酶的配基。该酶对热较稳定，85 ℃加热 30 min 仍保持活力，当有 Mg^{2+} 存在时可增加酶的热稳定性。当溶液 pH 值低于 3.0 时，该酶释放出 Zn^{2+} 形成单体而失活，金属螯合剂也可除去 Zn^{2+} 而使酶失活。该酶在 6 mol/L 尿素存在下，被硫醇作用产生可逆变性。除了 Mg^{2+}，其他金属离子如 Mn^{2+}、Ca^{2+}、Zn^{2+} 等对酶也有激活作用。它的抑制剂有二乙三胺五乙酸、乙二胺四乙酸(EDTA)、邻二氮杂菲、巯基羧酸(如半胱氨酸、巯基乙酸等)、焦磷酸盐等，氰化物是该酶的强烈抑制剂。

碱性磷酸单酯酶是一种非特异性的水解酶，能水解磷酸单酯键，但不水解磷酸二酯键。它可作用于多类底物，如 β-甘油磷酸、葡萄糖-1-磷酸、腺苷-磷酸、尿苷-磷酸和 5-磷酸核黄素等。最适温度为 37 ℃，最适 pH 值为 10.0，对底物只具有相对的专一性，在碱性条件下水解单磷酸酯：

$$\text{单磷酸酯}+\text{水}\xrightarrow{\text{碱性磷酸单酯酶}}\text{醇}+\text{磷酸}$$

比活力是指单位质量的蛋白质样品中所含的酶活力(U)。随着酶被逐步纯化，其比活力也随之逐步升高，所以测定酶的比活力可以鉴定酶的纯化程度。根据国际酶学委员会的规定，酶的比活力用每毫克蛋白质具有的酶活力(U)来表示。因此，测定样品的比活力必须测定：①每毫升样品中的蛋白质质量(mg)；②每毫升样品中的酶活力(U)。其中碱性磷酸酶活力用磷酸苯二钠法测定，即以磷酸苯二钠为底物，被碱性磷酸酶水解后产生游离酚和磷酸盐，酚在碱性溶液中与4-氨基安替比林作用，经铁氰化钾氧化，可生成红色的醌衍生物，生成的红色醌类化合物在510 nm波长处有最大吸收峰，根据其吸光度值可测定酚的含量，从而计算出酶活力。反应式如下：

$$C_6H_5-O-P(=O)(ONa)-ONa + H_2O \xrightarrow{\text{碱性磷酸酶}} C_6H_5-OH + HO-P(=O)(ONa)-ONa$$

酚

$$C_6H_5-OH + \text{4-氨基安替比林} \xrightarrow[\text{碱性}]{K_3Fe(CN)_6} \text{醌衍生物}$$

4-氨基安替比林　　　　醌衍生物

3. 试剂与器材

1）试剂

（1）0.5 mol/L乙酸镁溶液：称取乙酸镁107.25 g，溶于蒸馏水中，定容至1000 mL。

（2）0.1 mol/L乙酸钠溶液：称取乙酸钠8.2 g，溶于蒸馏水中，定容至1000 mL。

（3）0.01 mol/L乙酸镁-0.01 mol/L乙酸钠溶液：量取0.5 mol/L乙酸镁溶液20.0 mL、0.1 mol/L乙酸钠溶液100.0 mL，混合后加蒸馏水定容至1000 mL。

（4）pH 8.8 0.01 mol/L Tris-0.01 mol/L乙酸镁缓冲液：称取Tris 12.1 g，用蒸馏水溶解并定容至1000 mL，得0.1 mol/L Tris液。取0.1 mol/L Tris液100.0 mL，加0.5 mol/L乙酸镁溶液20.0 mL、蒸馏水800.0 mL，再用1%乙酸调节pH值至8.8，然后用蒸馏水稀释定容至1000 mL。

（5）pH 10 0.1 mol/L碳酸盐缓冲液：称取无水Na_2CO_3 3.18 g及$NaHCO_3$ 1.68 g，溶解于蒸馏水中，稀释定容至500 mL。

（6）0.04 mol/L复合基质液：称取磷酸苯二钠（无结晶水）8.72 g、4-氨基安替比林3.0 g，分别溶于煮沸后冷却的蒸馏水中。两液混合并稀释定容至1000 mL，加4.0 mL氯仿防腐，盛于棕色瓶中，冰箱内保存，可用1周。临用时将此液与等量pH 10.0 0.1 mol/L碳酸盐缓冲液混合即可。

（7）0.1 mg/mL酚标准溶液。

（8）碱性溶液：0.5 mol/L NaOH溶液。

（9）0.5%铁氰化钾溶液：称取铁氰化钾5.0 g和硼酸15.0 g，各溶于400.0 mL蒸馏水中，溶解后两液混合，再加蒸馏水定容至1000 mL，置棕色瓶中暗处保存。

（10）正丁醇、丙酮、95%乙醇（均为分析纯）。

（11）肝脏：取自健康活家兔，杀死后立即取肝脏于－20 ℃冷冻保存备用。

2）器材

可见光分光光度计、台式离心机、恒温水浴箱、玻璃匀浆器、移液枪、容量瓶（500 mL、1000 mL）。

4. 实验步骤

1) 碱性磷酸酶的提取

(1) 将兔肝脏清除结缔组织后剪碎,取 3.0 g 置于玻璃匀浆器中,按每克 3 mL 的量加入 0.01 mol/L 乙酸镁-0.01 mol/L 乙酸钠溶液,匀浆 1 min。吸取匀浆液 8 mL 至小烧杯中,此为 A 液。

(2) 用移液枪吸出 A 液 0.1 mL 置于小试管中,加入 pH 8.8 0.01 mol/L Tris-0.01 mol/L 乙酸镁缓冲液 4.9 mL,待测比活力用。

(3) 在剩余的 A 液中加入 2.5 mL 预冷的正丁醇,用玻璃棒充分搅拌 3 min,冰浴 20 min,单层滤纸过滤,滤液置于刻度离心管中。

(4) 滤液中加入等体积的预冷的丙酮,立即混匀后离心(3000 r/min)5 min,弃上清液,在沉淀中加入 0.5 mol/L 乙酸镁溶液 4.0 mL,用玻璃棒充分搅匀使之溶解。用移液枪吸出 0.1 mL 置于另一支小试管中,此为 B 液,加入 pH 8.8 0.01 mol/L Tris-0.01 mol/L 乙酸镁缓冲液 4.9 mL,待测比活力用。

(5) 记录剩余溶液体积,计算应加入 95%冷乙醇的体积,使乙醇终浓度为 30%,混匀后离心(3000 r/min)5 min,弃沉淀。

(6) 向上清液中加入 95%冷乙醇,使乙醇的终浓度达 60%,混匀后离心(3000 r/min) 5 min,弃上清液。

(7) 向沉淀中加入 0.5 mol/L 乙酸镁溶液 3.0 mL,用玻璃棒充分搅拌使其溶解。

(8) 加入预冷的丙酮,使丙酮终浓度达 33%。混匀后离心(3000 r/min)5 min,弃沉淀。上清液中继续加入预冷的丙酮,使丙酮终浓度为 50%,混匀后离心(3000 r/min)5 min,弃上清液。沉淀即为碱性磷酸酶粗品。

(9) 向碱性磷酸酶粗品中加入 pH 8.8 0.01 mol/L Tris-0.01 mol/L 乙酸镁缓冲液 2.0 mL,使其溶解。此为 C 液。

2) 比活力测定

(1) 样品中碱性磷酸酶活力测定。

取试管 5 支,编号,按表 29-1 操作测定酶活力。

表 29-1 酶活力测定

	试管号				
	A	B	C	0	标
0.04 mol/L 复合基质液体积/mL	1.0	1.0	1.0	1.0	1.0
0.1 mg/mL 酚标准溶液体积/mL	0	0	0	0	1.0
pH 8.8 0.01 mol/L Tris-0.01 mol/L 乙酸镁缓冲液体积/mL	0	0	0	1.0	0
	混匀,37 ℃水浴保温 5 min				
各阶段酶稀释液体积/mL	1.0	1.0	1.0	0	0
	混匀立即计时,37 ℃准确保温 5 min				
0.5 mol/L NaOH 溶液体积/mL	1.0	1.0	1.0	1.0	1.0
0.5%铁氰化钾溶液体积/mL	2.0	2.0	2.0	2.0	2.0

充分混匀，静置 10 min，显色完全，在 510 nm 波长处测定吸光度值。

(2) 样品中蛋白质含量的测定：考马斯亮蓝染色法。

(3) 比活力的计算：

$$碱性磷酸酶比活力(U/mg)=\frac{每毫升样品中碱性磷酸酶活力(U/mL)}{每毫升样品中蛋白质质量(mg/mL)}$$

(4) 实验结果：将上述各实验计算结果填入表 29-2 内。

表 29-2　计算结果

	蛋白质浓度/(mg/mL)	酶活力/(U/mL)	比活力/(U/mg)	纯化倍数	得率/(%)
A 液					
B 液					
C 液					

3) 废弃物处理

废液倒入废液桶。

5. 要点提示

(1) 在制备肝匀浆时采用低浓度乙酸钠，可以达到低渗破膜的作用，而乙酸镁则有保护和稳定碱性磷酸酶(AKP)的作用。

(2) 根据碱性磷酸酶在终浓度 33%的丙酮或终浓度 30%的乙醇中溶解，而在终浓度 50%的丙酮或终浓度 60%的乙醇中不溶解的性质，采用离心的方法分离提取，可使碱性磷酸酶得到部分纯化。

(3) 加入有机溶剂时要慢慢滴加，充分搅拌，避免局部浓度过高而引起升温和变性。

(4) 凡弃去的上清液中含有丙酮及乙醇者均需倒入回收瓶中回收。

6. 思维拓展

影响碱性磷酸酶比活力的主要因素是什么？

实验 30　酵母醇脱氢酶的分离纯化及活力测定

1. 实验目的

(1) 学习酵母醇脱氢酶的提纯原理和方法。

(2) 掌握酵母醇脱氢酶活力的测定方法。

2. 实验原理

醇脱氢酶除了在食品工业上被广泛应用外，在科学研究和分析测定中也具有重要价值，它是酶法测定乙醇或乙醛的工具酶。醇脱氢酶的辅酶是 NAD^+，它催化乙醇脱氢变成乙醛。脱下的氢将 NAD^+ 还原为 NADH。

$$C_2H_5OH+NAD^+ \xrightleftharpoons{醇脱氢酶} CH_3CHO+NADH+H^+$$

NADH 与 H^+ 进一步生成 $NADH \cdot H^+$。当醇过量时，NAD^+ 被还原的速率与酶活力成正比，酶活力越高，单位时间内产生的 $NADH \cdot H^+$ 越多，$NADH \cdot H^+$ 对 340 nm 的紫外光有较强的吸收，而 NAD^+ 对 340 nm 的紫外光无明显吸收。故可用测定 A_{340} 的方法，测得反应体系中 $NADH \cdot H^+$ 的含量，从而得知酶活力的大小。

盐析法是至今广泛使用的提纯蛋白质和酶的方法。当盐浓度不断上升时，蛋白质和酶的溶解度以不同的程度下降并先后析出，故可用分段盐析的方法分离纯化蛋白质。通常用不容易使蛋白质变性的硫酸铵进行盐析。

利用不同蛋白质在不同浓度的有机溶剂中的溶解度差异而分离的方法，称为有机溶剂分段沉淀法。有机溶剂沉淀蛋白质分辨率比盐析法好，其缺点是易使酶和具有活力的蛋白质变性，因而使用有机溶剂沉淀时要特别注意。

本实验以酵母为原料，利用热变性、有机溶剂沉淀蛋白质，硫酸铵分段盐析等方法提取具有一定纯度的醇脱氢酶。在提纯过程中，每经一步提纯处理都需要测定蛋白质的含量和活力，计算比活力。唯有比活力提高了，才能证明酶制剂的纯度提高了，提纯措施有效。

3. 试剂与器材

1) 试剂

(1) 干酵母粉(安琪)。

(2) 3 mol/L 乙醇溶液：无水乙醇 17.46 mL 加蒸馏水稀释定容至 100 mL。

(3) 0.06 mol/L 焦磷酸钠溶液：取焦磷酸钠($Na_4P_2O_7 \cdot 10H_2O$)2.256 g，溶于蒸馏水中，稀释定容至 100 mL。

(4) 0.0015 mol/L NAD^+ 溶液：取 NAD^+ 0.0995 g(NAD^+ 的相对分子质量为 663.44)，溶于适量蒸馏水，稀释定容至 100 mL。

(5) 0.01 mol/L K_2HPO_4 溶液：K_2HPO_4 0.87 g 溶于适量蒸馏水中，稀释定容至 500 mL。

(6) 丙酮(AR)。

(7) 0.066 mol/L Na_2HPO_4 溶液：Na_2HPO_4 2.343 g 溶于适量蒸馏水中，稀释定容至 250 mL。

(8) 1%SDS 溶液：SDS 1.0 g 溶于适量蒸馏水中并稀释定容至 100 mL。

2)器材

高速分散器、电磁恒温搅拌器、低温离心机、紫外分光光度计、天平、容量瓶(100 mL、250 mL、500 mL)等。

4. 实验步骤

1) 酵母醇脱氢酶的提纯

(1) 粗提。

取干酵母 20.0 g 置于 125 mL 烧杯中，加 0.066 mol/L Na_2HPO_4 溶液 80.0 mL，用玻璃棒搅匀后用高速分散器处理(5 s，10 次或 15 次)，置于 37 ℃水浴中保温 2 h，然后用电磁恒温搅拌器不断搅拌，再于 20 ℃(室温)提取 3 h，4000 r/min 离心 20 min，弃去沉淀，留 2.0 mL 上清液，置于冰箱中，供测酶活力及蛋白质含量用。其余上清液量取体积后倾于 125 mL 烧杯中。

(2) 热变性沉淀杂蛋白。

将上清液于 55 ℃保温 15～20 min，不断慢速搅拌。保温完毕，立即置于冷水浴中冷却至 −2 ℃。4000 r/min 离心 20 min，去除热敏感性蛋白质。取上清液 2.0 mL，置于冰箱中，供测酶活力及蛋白质含量用。其余上清液量取体积后倾于烧杯中。

(3) 有机溶剂沉淀杂蛋白。

将上清液置于冰盐浴中降温至 −2 ℃，逐滴加入 0.5 倍上清液体积的预冷到 −2 ℃以下的丙酮，边加边用玻璃棒搅拌，放置 5 min，4000 r/min 0 ℃离心 15 min。弃去沉淀，留取 2.0 mL 上清液于冰箱中，供测酶活力及蛋白质含量用。其余上清液量取体积后马上倒入已置于冰盐浴的烧杯中。

(4) 有机溶剂沉淀酶。

量取剩余上清液的体积，−2 ℃的冰浴中逐滴滴加 0.55 倍体积的丙酮，边加边搅拌，加完后放置 5 min，待酵母醇脱氢酶沉淀完全后低温（4000 r/min，0 ℃）离心 15 min，弃去上清液，沉淀控干后，加入 0.066 mol/L Na_2HPO_4 溶液 10.0 mL，使之溶解，留取 1.0 mL，供测酶活力及蛋白质含量用。其余倒入烧杯中，置于冰水浴中。

(5) $(NH_4)_2SO_4$ 50%饱和度盐析。

用量筒量取剩余的液体的体积，加入预先研磨过的 $(NH_4)_2SO_4$ 粉末（加入的 $(NH_4)_2SO_4$ 按表 30-1 计算），使溶液中 $(NH_4)_2SO_4$ 的终浓度为 50%，边加边搅拌，加完再搅拌 15 min，此时溶液 $(NH_4)_2SO_4$ 的饱和度为 50%，于 4000 r/min 0 ℃离心 10 min。沉淀溶于 0.066 mol/L Na_2HPO_4 溶液 3.0 mL，供测酶活力及蛋白质含量用，上清液倒入小烧杯中，置于冰水浴中。

(6) $(NH_4)_2SO_4$ 60%饱和度盐析。

用量筒量取上清液的体积，加入预先研磨过的 $(NH_4)_2SO_4$ 粉末（加入的 $(NH_4)_2SO_4$ 按表 30-1 计算），使溶液中 $(NH_4)_2SO_4$ 的终浓度为 60%，边加边搅拌，加完后再搅拌 15 min，4000 r/min 0 ℃离心 10 min，沉淀中加 0.066 mol/L Na_2HPO_4 溶液 3.0 mL，使之溶解，供测酶活力及蛋白质含量用，上清液倒入小烧杯中，置于冰浴中。

(7) $(NH_4)_2SO_4$ 70%饱和度盐析。

用量筒量取上清液的体积，加入预先研磨过的 $(NH_4)_2SO_4$ 粉末（加入的 $(NH_4)_2SO_4$ 按表 30-1 计算），使溶液中 $(NH_4)_2SO_4$ 的终浓度为 70%，边加边搅拌，加完再搅拌 15 min，4000 r/min 0 ℃离心 10 min，沉淀溶于 0.066 mol/L Na_2HPO_4 溶液 3.0 mL，供测酶活力及蛋白质含量用。

表 30-1　0 ℃时，使 1.0 mL 溶液达到希望饱和度应加 $(NH_4)_2SO_4$ 的质量　（单位：mg）

		最后饱和度												
		20%	30%	40%	45%	50%	55%	60%	65%	70%	75%	80%	90%	100%
初始饱和度	0	106	164	226	258	291	326	361	398	436	476	516	603	697
	30%		0	56	86	117	148	181	214	249	285	323	402	488
	40%			0	29	58	89	120	153	182	212	258	335	418
	45%				0	29	59	90	123	156	190	226	302	383
	50%					0	30	60	92	125	159	194	268	348
	55%						0	30	61	93	127	161	235	313
	60%							0	31	62	95	129	201	279
	65%								0	31	63	97	168	244
	70%									0	32	65	134	209
	75%										0	32	101	174
	80%											0	67	139

(8) 保留上清液，供测酶活力及蛋白质含量用。如有必要，可对以上各组分进行透析，以除去小分子物质。

2) 酵母醇脱氢酶活力的测定

配制各号待测液的稀释液各 1.0 mL。各待测液均需用 0.01 mol/L K_2HPO_4 溶液稀释。

其中上面第(8)步的待测液与 K_2HPO_4 溶液体积比为 1∶1,其余待测液与 K_2HPO_4 溶液体积比为 1∶9。

将分光光度计波长调到 340 nm,取 2 支干净试管,分别标为空白管和样品管,进行下一步操作。

空白管中加 0.06 mol/L 焦磷酸钠溶液 1.0 mL、蒸馏水 4.8 mL、酶稀释液 0.2 mL,混合后,倒入比色杯,将吸光度值调到 0.0000。

样品管中溶液总体积为 6.0 mL,其中 0.06 mol/L 焦磷酸钠溶液 1.0 mL、蒸馏水 4.4 mL、3 mol/L 乙醇溶液 0.2 mL、0.0015 mol/L NAD^+ 溶液 0.2 mL、酶稀释液 0.2 mL,混匀后,立即倒入比色杯,测定 A_{340}。每隔 15 s 读一次 A_{340},数字间隔以 0.020 为宜。记下反应时间和 A_{340},并计算出 $\Delta A_{340}/\Delta t$。若数字间隔过大,则应稀释酶液。

酶比活力的计算公式如下:

$$酶活力(U/mL)=\frac{6.0\times\Delta A_{340}\times前处理稀释倍数}{6.22\times0.2}$$

式中:6.22——1 μmol/L 溶液吸光度值。

若计算总活力,只需再乘以总体积即可。

3) 蛋白质浓度的测定

参照基础性实验中蛋白质浓度的测定方法,将实验结果填写在表 30-2 中。

表 30-2 实验结果与计算

提纯步骤	总体积/mL	蛋白质浓度/(mg/mL)	蛋白质总量/mg	酶活力/U	总活力/U	比活力/(U/mg)	回收率		纯化倍数
							蛋白质	酶活力	
(1)粗提液									
(2)热变性去杂蛋白质后									
(3)丙酮去杂蛋白质后									
(4)丙酮沉淀酶后再溶解									
(5)50% $(NH_4)_2SO_4$ 饱和度沉淀再溶解									
(6)60% $(NH_4)_2SO_4$ 饱和度沉淀再溶解									
(7)70% $(NH_4)_2SO_4$ 饱和度沉淀再溶解									
(8)70% $(NH_4)_2SO_4$ 饱和度离心上清液									

4) 废弃物处理

废液倒入废液桶。

5. 要点提示

(1) 在提纯过程中,每经一步提纯处理都需要测定蛋白质的含量和活力,计算比活力。唯有比活力提高了,才能证明酶制剂的纯度提高了,提纯措施有效。

(2) 提纯时有机物沉淀中含大量丙酮,而丙酮的 A_{280} 较大,本实验蛋白质的浓度不能采用紫外分光光度法测定。

6. 思维拓展

(1) 热变性这一步有什么作用?

(2) $(NH_4)_2SO_4$ 盐析的 6 个组分中,酶活力的总和和蛋白质的总和与有机物沉淀的量相等吗? 为什么?

实验 31　乳酸脱氢酶(LDH)同工酶的琼脂糖凝胶电泳

1. 实验目的

(1) 学习琼脂糖凝胶电泳的原理和方法。

(2) 学习酶专一性染色原理及其应用。

(3) 掌握乳酸脱氢酶(LDH)同工酶的分离鉴定方法。

2. 实验原理

同工酶是指能够催化相同的化学反应,但酶分子的蛋白结构、理化特性乃至免疫学性质不同的一组酶。同工酶的这种差异是由于酶蛋白的编码基因不同或基因相同但转录、翻译或翻译后加工有别。同工酶存在于生物的同一种属不同个体或同一个体的不同组织,甚至同一组织或细胞的不同亚细胞结构中。因此,同工酶具有组织器官特异性,是研究代谢调节、分子遗传、生物进化、个体发育、细胞分化和癌变的有力工具,在酶学、生物学和医学中占有重要地位。由于同工酶存在蛋白结构及理化性质的差异,因此可用电泳或其他方法将它们分离开来。

至今已发现数百种同工酶,乳酸脱氢酶(lactate dehydrogenase,LDH)是人们认识的第一种同工酶。LDH 是糖酵解中的一种酶,它们都能催化乳酸脱氢产生丙酮酸,催化如下反应:

$$\begin{array}{c}COOH\\|\\HO-C-H\\|\\CH_3\end{array} + NAD^+ \underset{}{\overset{LDH}{\rightleftharpoons}} \begin{array}{c}COOH\\|\\C=O\\|\\CH_3\end{array} + NADH + H^+$$

LDH 有 5 个同工酶,相对分子质量在 130000～150000,由 4 个亚基组成。LDH 的亚基有 2 种类型,一种是心肌型亚基(H 型,B 基因),另一种是骨骼肌型亚基(M 型,A 基因)。2 类亚基以不同比例可组成 5 种四聚体,即 $LDH_1(H_4)$、$LDH_2(H_3M_1)$、$LDH_3(H_2M_2)$、$LDH_4(H_1M_3)$、$LDH_5(M_4)$。H 型亚基的氨基酸组成与 M 型亚基有差异,前者含酸性氨基酸残基多,故 LDH 可用电泳的方法进行分离。本实验用 pH 值为 8.6 的缓冲液进行电泳,LDH 的5 个同工酶中 LDH_1 向阳极泳动最快,LDH_2、LDH_3 和 LDH_4 依次减慢,LDH_5 则移向阴极。

LDH 催化反应是碳水化合物代谢中无氧糖酵解的最终反应,广泛存在于人体各种组织中,按新鲜样品质量计算,LDH 活力按下列顺序降低:肾脏>心肌、骨骼肌>胰>脾>肝>肺。血清中 LDH 含量很低,红细胞中含量较血清中约高 100 倍,故测定时应避免溶血。如不能及时测定,血清应及早和血块分离,避免红细胞中 LDH 进入血清中。在哺乳动物体内,一般厌氧性组织中,如骨骼肌、肝脏中,LDH_5 含量高;在非厌氧性组织中,如心、脑中,LDH_1 含量高。草酸、乙二胺四乙酸对 LDH 有抑制作用,所以血浆不适宜测定乳酸脱氢酶活力。此外,硼酸、汞离子、对氯汞苯甲酸以及过量的丙酮酸、乳酸对 LDH 也有抑制作用。

本实验用琼脂糖凝胶对 LDH 同工酶进行电泳分离。琼脂糖是一种直链多糖,其结构单位是 D-半乳糖和 3,6-脱水-L-半乳糖,二者以 β-1,4-糖苷键相连并交替排列,形成如下结构:

3,6-脱水-L-半乳糖　D-半乳糖　3,6-脱水-L-半乳糖　D-半乳糖　3,6-脱水-L-半乳糖　D-半乳糖

琼脂糖形成凝胶主要是糖基间形成氢键的缘故,该凝胶不含酸性或碱性基团,故不带电荷,且具有亲水性,是一种良好的惰性支持物,以其作为支持物电泳,一般不会使生物活性分子变性。

LDH 的五个同工酶在琼脂糖凝胶板上分离后,进行酶促反应,使乳酸脱氢生成 NADH,NADH 将氧化型吩嗪二甲酯硫酸盐(N-methylphenazonium methyl sulfate,PMS,人工递氢体)还原,还原型 PMS 最终将硝基蓝四唑(nitroblue tetrazolium,又称氮蓝四唑,简称 NBT)还原而呈现蓝紫色,反应如下:

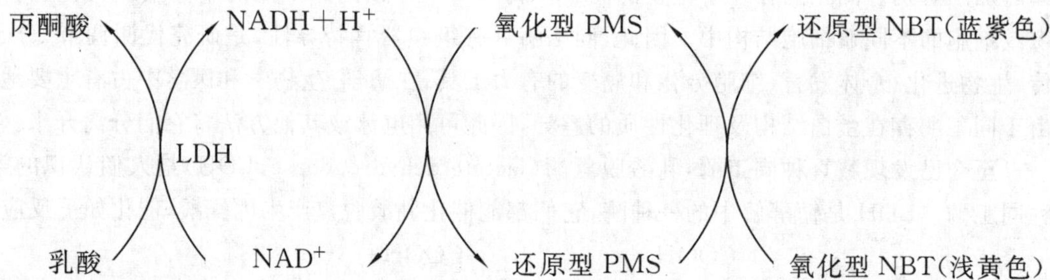

还原型 NBT 为蓝紫色化合物。通过上述方法,即可使电泳分离的 LDH 同工酶区带呈现蓝紫色带谱,并且反应产生的还原型 NBT 的量与酶含量成正比,用凝胶成像分析系统可测出各同工酶的百分含量。

3. 试剂与器材

1) 试剂

(1) 生理盐水。

(2) pH 7.4 0.01 mol/L 磷酸钠缓冲液(简称 PBS):取 0.01 mol/L NaH_2PO_4 溶液 19 mL 和 0.01 mol/L Na_2HPO_4溶液 81 mL 混合即可。

(3) pH 8.6 0.075 mol/L 巴比妥钠盐缓冲液:巴比妥钠 15.45 g、巴比妥 2.76 g 溶于蒸馏水中,稀释至 1000 mL。

(4) 0.5%琼脂糖:取琼脂糖 0.5 g、pH 8.6 0.075 mol/L 巴比妥钠盐缓冲液 50.0 mL、蒸馏水 48.0 mL、10 mmol/L EDTA 2.0 mL,水浴加热溶解。

(5) LDH 活力染色液：取 10 mg/mL NAD^+（氧化型辅酶Ⅰ）溶液 2.5 mL、2 mg/mL NBT 溶液 7.5 mL、2 mg/mL PMS 溶液 0.5 mL、2 mol/L 乳酸钠溶液 2.5 mL、pH 7.0 1 mol/L Tris 缓冲液 3.7 mL、0.2 mol/L NaCl 溶液 1.3 mL，加重蒸水定容至 25 mL。该溶液应避光低温保存，1 周内有效。如溶液呈绿色，则失效。

(6) 染色液（以每块凝胶板用量计算）：取 LDH 活力染色液 0.5 mL、0.5%琼脂糖（预先已熔化）0.5 mL，混匀。临用前 10 min 配制，避光保存于 37 ℃恒温箱内。

(7) 脱色固定液：95%乙醇 140.0 mL、5%冰乙酸 10.0 mL、蒸馏水 50.0 mL 混匀。

(8) 小白鼠（成年）。

2) 器材

电泳仪、水平电泳槽、离心机、玻璃匀浆器、恒温箱、移液枪、吸量管、白瓷盘、剪刀、镊子、滤纸、凝胶成像分析系统、微波炉等。

4. 实验步骤

1) LDH 的提取

取成年小白鼠断颈处死，任取下列组织：心、肝、肾、脾、肺、胃、肠、舌、骨骼肌和性腺。用生理盐水洗去血迹，称取 0.1 g，加 10 倍体积 pH 7.4 0.01 mol/L PBS，用玻璃匀浆器在冰浴上匀浆，匀浆液经 4000 r/min 离心 5 min，取上清液（在 4 ℃冰箱中保存备用）用于电泳分析。

2) 凝胶的制备

(1) 将 0.5%琼脂糖凝胶水浴加热熔化或微波炉加热熔化。

(2) 待凝胶冷却至 60 ℃，取少量琼脂糖溶液封固胶模边缘，待其凝固后，在距一端 1/4 处安装好样品梳（距底板 0.5～1.0 mm），再将温热的琼脂糖凝胶倒入胶模中（凝胶厚度为 3～5 mm）。

(3) 待凝胶完全凝固后，小心移去样品梳，置于电泳槽内放平，加入恰好没过胶面约 1 mm 深的巴比妥钠盐缓冲液。

3) 加样

取 LDH 的提取液 20.0～50.0 μL，用移液枪慢慢将其加至样品槽中（图 31-1）。

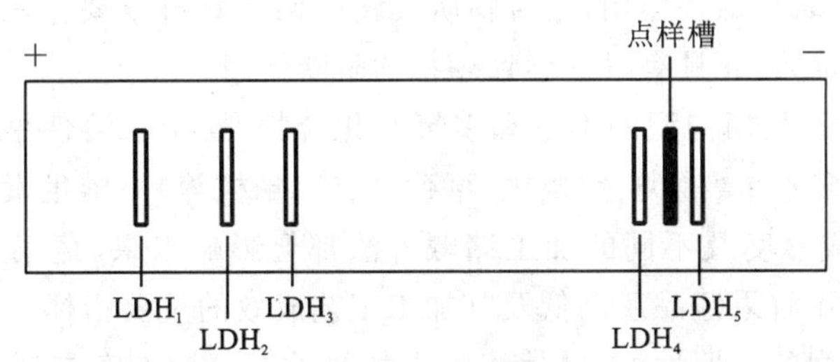

图 31-1　LDH 同工酶琼脂糖凝胶电泳模拟图谱

4) 电泳

点样端在负极，盖上电泳槽并通电，电压为 1～5 V/cm，电泳 40～45 min。

5) 染色

电泳完毕，在每块凝胶板上立即浇上预先配制好的 LDH 活力染色液 5.0 mL，均匀覆盖，于 37 ℃恒温箱内湿盒避光保温 30～60 min，至有清晰的蓝紫色区带出现。

6) 固定与干燥

将显色后的凝胶板浸于 5%乙酸中固定 30 min，再用蒸馏水漂洗 2～3 次，待背景无色后，即可用凝胶成像分析系统测定各区带的含量,从而进行定量分析。

干燥:凝胶板固定好以后,将一张干净滤纸覆盖于其上,50 ℃烘 1.5~2 h,烘干后,取下滤纸,即可长期保存。

7) 废弃物的处理

凝胶等固体废弃物作为实验垃圾放入专门容器回收,废液倒入废液桶。

5. 要点提示

(1) LDH 属于胞内酶,通过匀浆破碎细胞释放出 LDH,对于肌肉、胃、肠等较难破碎的组织,匀浆时间可适当延长。

(2) 草酸盐能抑制 LDH 活力,故不能用抗凝血进行测定。

6. 思维拓展

(1) 本实验中 LDH 同工酶的显色方法是活性染色法,代表着一类电泳区带染色方法,试分析该活性染色法还能在哪些酶中应用。

(2) LDH 同工酶的组织特异性分布有何生物学意义?

(3) 如何用凝胶成像分析系统对 LDH 同工酶各组分进行定量分析?

实验 32　维生素 C 的定量测定
——2,6-二氯酚靛酚滴定法

1. 实验目的

(1) 学习定量测定维生素 C 的原理及方法。

(2) 掌握微量滴定法的操作技术。

2. 实验原理

维生素 C 是人类营养中最重要的维生素之一,缺乏时会导致坏血病,因此,又称为抗坏血酸。它与体内其他还原剂共同维持细胞正常的氧化还原电势和有关酶系统的活力,共同作为细胞的保护剂,起到抗氧化毒害作用;它对物质代谢的调节具有重要作用,近年来发现它还能增强机体对肿瘤的抵抗力,并具有对化学致癌物的阻断作用。

维生素 C 是具有 L 系糖构型的不饱和多羟基化合物,属于水溶性维生素。它分布很广,植物的绿色部分及许多水果(橘类、猕猴桃、草莓、山楂、辣椒等)中维生素 C 的含量都很丰富,不同栽培条件、不同成熟度及不同的加工储藏方法都会影响水果、蔬菜中的维生素 C 含量。测定维生素 C 含量是了解果蔬品质高低及其加工工艺成效的重要指标。

维生素 C 具有很强的还原性,在碱性溶液中加热并有氧化剂存在时,维生素 C 易被氧化而破坏。在中性和微酸性环境中,维生素 C 能将染料 2,6-二氯酚靛酚(氧化型)还原成无色的还原型 2,6-二氯酚靛酚,同时维生素 C 被氧化成脱氢维生素 C。氧化型 2,6-二氯酚靛酚在酸性溶液中呈红色,在中性或碱性溶液中呈蓝色。当用 2,6-二氯酚靛酚滴定含有维生素 C 的酸性溶液时,在维生素 C 尚未完全被氧化时,滴下的 2,6-二氯酚靛酚立即被还原成无色。但当溶液中的维生素 C 刚好全部被氧化时,滴下的 2,6-二氯酚靛酚立即使溶液呈红色。因此,当溶液由无色变为微红色时即表示溶液中的维生素 C 刚好全部被氧化,此时即为滴定终点。从滴定时 2,6-二氯酚靛酚溶液的消耗量,可以计算出被检物质中维生素 C 的含量。

其化学反应式如下：

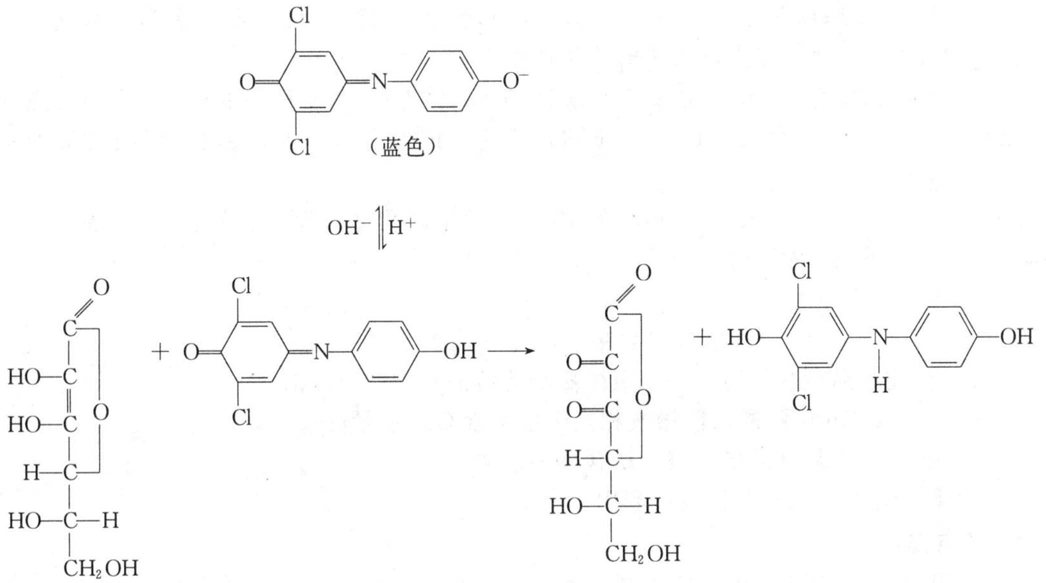

（蓝色）

$OH^- \rightleftharpoons H^+$

维生素 C ＋ 氧化型 2,6-二氯酚靛酚（红色） ⟶ 脱氢维生素 C ＋ 还原型 2,6-二氯酚靛酚（无色）

3. 试剂与器材

1）试剂

(1) 1%草酸溶液、2%草酸溶液、10% HCl 溶液。

(2) 偏磷酸-乙酸溶液：称取偏磷酸 15.0 g，溶于冰乙酸 40.0 mL 和蒸馏水 450.0 mL 的混合液中，过滤，储于冰箱内，此液保存不得超过 10 天。

(3) 维生素 C 标准溶液：准确称取基准物维生素 C 粉状结晶 50.0 mg，溶于偏磷酸-乙酸溶液，定容至 500 mL。装入棕色瓶，储于冰箱内。配制时根据 2,6-二氯酚靛酚的用量进行调整，浓度控制在 0.1～0.4 mg/mL。

(4) 2,6-二氯酚靛酚溶液：将 2,6-二氯酚靛酚 260.0 mg 溶于含有 $NaHCO_3$ 210.0 mg 的 250.0 mL 热水中，冷却后定容至 1000 mL，过滤，装入棕色瓶中，冰箱中保存，不得超过 3 天。使用时用新配制的维生素 C 标准溶液标定其浓度。

标定方法：取维生素 C 标准溶液 5.0 mL 及偏磷酸-乙酸溶液 5.0 mL 于 50 mL 锥形瓶中，取配制好的 2,6-二氯酚靛酚溶液，用微量滴定管滴定至微红色出现，并保持 15 s 不褪色，即为滴定终点，此时所用染料的体积相当于维生素 C 0.5 mg，由此可求出每毫升 2,6-二氯酚靛酚溶液相当于维生素 C 的质量(mg)。

(5) 30% $Zn(Ac)_2$ 溶液。

(6) 15% $K_4Fe(CN)_6$ 溶液。

(7) 新鲜蔬菜或新鲜水果。

2）器材

研钵、天平、容量瓶(100 mL、500 mL、1000 mL)、量筒、刻度吸管、锥形瓶(50 mL)、玻璃棒、微量滴定管、漏斗、滤纸、纱布。

4. 实验步骤

(1) 称取新鲜蔬菜或水果(要有大、中、小各部分的代表，洗净，除去不可食部分，切碎，混匀)5.0～30.0 g(具体用量依具体材料而定)，置于研钵中，加入等体积的 2%草酸溶液研磨成浆状，得匀浆液。

(2) 将匀浆液移入 100 mL 容量瓶中,可用少量 1% 草酸溶液帮助转移,加入 30% $Zn(Ac)_2$ 和 15% $K_4Fe(CN)_6$ 溶液各 5.0 mL,脱色,然后用 1% 草酸溶液稀释至刻度,充分摇匀,静置几分钟后过滤。(弃去最初流出的几毫升溶液。)

(3) 准确吸取滤液 5.0 mL 或 10.0 mL 于 50 mL 锥形瓶中,立即用标定过的 2,6-二氯酚靛酚溶液滴定,至溶液呈微红色且 15 s 不褪色为止。记录所用 2,6-二氯酚靛酚溶液的体积(mL)。(重复测定 2～3 次。)

(4) 另取滤液 5.0 mL 或 10.0 mL,用 10% HCl 溶液酸化的蒸馏水做空白对照滴定。样品提取液和空白对照各做 3 份。

(5) 计算:

$$维生素 C 含量(mg/g(样品))=VT/m$$

式中:V——滴定样品所耗用的 2,6-二氯酚靛酚溶液的平均体积(mL);

T——1 mL 2,6-二氯酚靛酚溶液相当于维生素 C 的质量(mg/mL);

m——滴定时所用样品稀释液中所含样品的质量(g)。

(6) 微量滴定管中的染料回收再利用。

5. 要点提示

(1) 在生物组织和组织提取液中,维生素 C 还能以脱氢维生素 C 及结合维生素 C 的形式存在,它们同样具有维生素 C 的生理作用,但不能将 2,6-二氯酚靛酚还原脱色。

(2) 整个滴定过程要迅速,防止脱氢维生素 C 被氧化。滴定过程一般不超过 2 min。滴定所用的 2,6-二氯酚靛酚溶液不应少于 1 mL 或多于 4 mL,若滴定结果不在此范围内,则必须增减样品量或改变提取液稀释倍数。

(3) 本实验必须在酸性条件下进行,在此条件下,干扰物反应进行得很慢;2% 草酸溶液有抑制抗坏血酸酶的作用,而 1% 草酸溶液无此作用。

(4) 提取液中色素很多时,滴定时不易看出颜色变化,需脱色,可用白陶土、30% $Zn(Ac)_2$ 和 15% $K_4Fe(CN)_6$ 溶液等。若色素不多,可不脱色,直接滴定。

(5) 样品提取液定容时若泡沫过多,可加几滴辛醇或丁醇消泡。

(6) 市售 2,6-二氯酚靛酚质量不一,以标定 0.4 mg 抗坏血酸消耗 2 mL 左右的 2,6-二氯酚靛酚溶液为宜,可根据标定结果调整 2,6-二氯酚靛酚溶液浓度。

(7) 样品的提取液制备和滴定过程,要避免阳光照射和与铜、铁器具接触,以免抗坏血酸被破坏。

6. 思维拓展

(1) 该法测定抗坏血酸有何不足?

(2) 用 2% 草酸溶液提取样品的目的是什么?

第三节　设计性实验

实验 33　蛋白质的酶解及凝胶层析法测定多肽相对分子质量

1. 实验目的

(1) 通过蛋白质的酶解,使学生掌握酶解反应的原理及实验方法。

(2) 通过多肽的分离纯化，使学生了解膜分离技术原理及操作方法，掌握凝胶层析法测定多肽相对分子质量的操作技术。

(3) 通过查阅文献资料，设计实验方案，组织课堂讨论，优化实验方案，并通过具体实验操作，检验实验方案的可行性和正确性，使学生了解科学研究的一般程序。

2. 教学设计与安排

1) 教学准备

(1) 学生查阅文献了解蛋白质的酶解及凝胶层析法测定多肽相对分子质量的研究概况，设计详细的实验方案。

(2) 在教师指导下，讨论实验方案的可行性，并确定实验方案。

(3) 完成实验样品的购买、试剂的配制和仪器设备的调试。

2) 教学过程

学生可以自主安排实验时间。

3) 建议

一个设计性实验常由多层次实验内容构成，教师指导学生合理安排实验程序，有效进行实验。

4) 讨论

(1) 讨论实验过程中遇到的问题和解决方案。

(2) 讨论实验的研究背景和意义。

(3) 以小论文的形式撰写实验报告。

3. 考核方式

1) 过程性评价

检查实验设计方案、实验记录、学生出勤情况、实验态度。

2) 成果性评价

对撰写的小论文、小组汇报情况进行评价。

3) 技能性评价

对技能操作考试、实验现象的观察、实验数据的处理和自学能力等进行综合评价。

4. 试剂与器材

1) 试剂

(1) 碱性蛋白酶。

(2) Na_2CO_3-$NaHCO_3$ 缓冲液。

(3) 1 mol/L NaOH 溶液。

(4) 1 mol/L HCl 溶液。

(5) 葡聚糖凝胶 G-25。

(6) 蓝色葡聚糖 2000(200 万 Da 以上)。

(7) 标准品：核糖核酸酶(13700 Da)、细胞色素 c(11700 Da)、胰岛素(5808 Da)、胸腺肽(3108 Da)、生长激素抑制因子(1521 Da)。

2) 器材

恒温水浴锅、pH 计、膜分离装置(微滤柱、超滤柱、恒流泵)、凝胶层析装置(层析柱、恒流泵、核酸蛋白分析仪或紫外分光光度计、自动收集器)、蛋白质。

5. 实验步骤

1) 蛋白质的酶解

(1) 蛋白水解度的测定:pH-stat 法,消耗碱的量可用来表征蛋白质水解的程度。

$$DH(\%)=\frac{BN_b}{\alpha MH_{tot}}\times 100$$

式中:B——消耗碱的体积(mL);

N_b——碱的浓度(mol/L);

α——氨基的平均解离度;

M——蛋白质的质量;

H_{tot}——样品肽键的毫摩尔数(mmol)。

(2) 碱性蛋白酶酶解。

取蛋白质 3 g,加入 50 mL Na_2CO_3-$NaHCO_3$ 缓冲液中,调节 pH 值至 10.0,按每克蛋白质 48000 U 酶活力加入碱性蛋白酶,50 ℃酶解 60 min。每 5 min 用 1 mol/L NaOH 溶液维持最初 pH 值。记录总消耗的 NaOH 体积,计算水解度。

2) 膜分离

取酶解液 50 mL,通过微滤、超滤,得到滤过液为样品液,进行多肽相对分子质量测定。

3) 多肽相对分子质量的测定(参照实验 11)

(1) 凝胶层析一般步骤。

装柱

① 溶胀。

② 装柱。

③ 加样。

④ 洗脱。

洗脱时,先收集 10 mL 流出液,用洗脱液以每管 3~6 mL 流速洗脱,用自动收集器自动收集洗脱液或以试管收集,以核酸蛋白分析仪或紫外分光光度计测定每管的多肽浓度。

(2) 多肽相对分子质量的测定。

① 标准曲线的制作。

按上述方法将 1 mL 标准品混合液上柱、洗脱,用试管收集,测定每管内的多肽浓度。以洗脱体积为横坐标,多肽浓度为纵坐标制作洗脱曲线。根据洗脱峰位置,量出每种标准品的洗脱体积(V_e),然后以标准品相对分子质量的对数 $\lg M_r$ 为纵坐标,V_e 为横坐标,作出标准曲线。

② 样品多肽相对分子质量的测定。

将样品溶液按标准曲线的条件操作。根据洗脱峰的位置,量出洗脱体积,由标准曲线查得多肽的相对分子质量。

第四章

糖类

第一节　基础性实验

实验 34　3,5-二硝基水杨酸比色法测定还原糖

1. 实验目的

(1) 学习 3,5-二硝基水杨酸比色法测定还原糖的基本原理。

(2) 掌握 3,5-二硝基水杨酸比色法测定还原糖的操作技术。

2. 实验原理

还原糖(reducing sugar)是指具有还原性的糖类。在糖类化学反应中,它常指能与班氏试剂发生反应,产生氧化亚铜砖红色沉淀的糖分子。所有的单糖(二羟丙酮除外)均能够与班氏试剂发生沉淀反应,所以都是还原糖,大部分双糖(蔗糖除外)是还原糖。凡不能与班氏试剂发生反应的糖称为非还原糖(non-reducing sugar),糖苷及多糖(如淀粉、糖原等)均为非还原糖。

还原糖的测定是糖含量测定的基本方法,测定方法有滴定法和比色法两大类。滴定法的特点是简单、方便,如严格按操作要求,可以进行准确的测定。但由于反应温度、摇动力度和次数、滴定速度等因素对测定都有影响,常导致不同测定者之间的测定结果出现偏差。所以目前大多采用比色法进行测定,如 3,5-二硝基水杨酸(3,5-dinitrosalicylic acid,DNS)比色法,简称 DNS 法。该方法以其检测浓度范围较宽,方法简便,便于还原糖大批量测定而得以普遍应用。该法原理是在氢氧化钠存在下(碱性条件),还原糖与 DNS 共热后被氧化生成糖酸,DNS 则被还原为氨基化合物(3-氨基-5-硝基水杨酸),在过量的碱性溶液中该化合物呈棕红色,在 540 nm 波长处有最大吸收峰。在一定的浓度范围内,还原糖的量与吸光度值呈线性关系,故利用比色法可测定样品中还原糖的含量。因其显色的深浅只与糖类游离出还原基团的数量有关,而对还原糖的种类没有选择性,故 DNS 方法适合用在多糖(如纤维素、半纤维素和淀粉等)水解产生的多种还原糖体系中。

3,5-二硝基水杨酸(黄色)［COOH, OH, O_2N, NO_2］ + 还原糖 $\xrightarrow[\text{碱性}]{\text{加热}}$ 3-氨基-5-硝基水杨酸(棕红色)［COOH, OH, O_2N, NH_2］ + 糖酸

多糖(如淀粉)为非还原糖,因此测定多糖含量需先经水解,生成的单糖可通过 DNS 法来测定含量,再分别求出样品中还原糖和总糖的含量(常以葡萄糖含量计)。需注意的是由于多糖水解为单糖时,每断裂一个糖苷键需加入一分子水,所以在以单糖量推算多糖含量时,计算结果应乘 0.9。

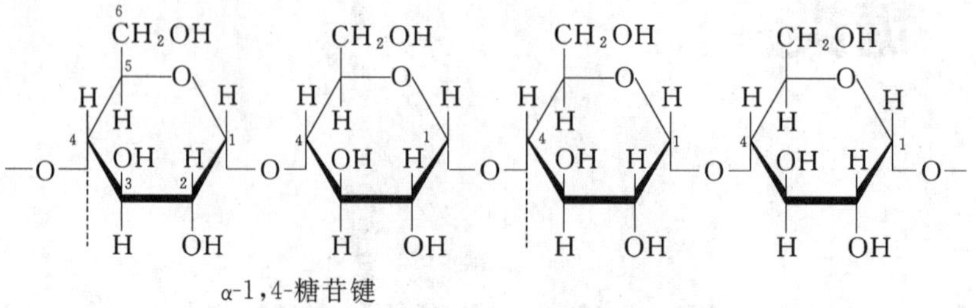

α-1,4-糖苷键

淀粉

3. 试剂与器材

1) 试剂

(1) 1.0 mg/mL 葡萄糖标准溶液:准确称取 80 ℃烘至恒重的分析纯葡萄糖 100.0 mg,置于小烧杯中,加少量蒸馏水溶解后,转移到 100 mL 容量瓶中,用蒸馏水定容至 100 mL,混匀,4 ℃冰箱中保存备用。

(2) DNS 溶液:称取 DNS 6.3 g,并量取 2 mol/L NaOH 溶液 262.0 mL,加到酒石酸钾钠的热溶液(酒石酸钾钠 185.0 g 溶于 500.0 mL 蒸馏水)中,再加结晶酚 5.0 g 和亚硫酸钠 5.0 g,搅拌溶解,冷却后加蒸馏水定容至 1000 mL,储于棕色瓶中备用。

(3) KI-I_2 溶液:称取 I_2 5.0 g 和 KI 10.0 g,溶于 100 mL 蒸馏水中。

(4) 酚酞指示剂:称取酚酞 0.1 g,溶于 250.0 mL 70%乙醇中。

(5) 6 mol/L HCl 溶液和 6 mol/L NaOH 溶液各 500.0 mL。

(6) 小麦淀粉或玉米淀粉。

2) 器材

具塞玻璃刻度试管(25 mL)、大离心管(50 mL)、烧杯、锥形瓶、容量瓶(100 mL、1000 mL)、刻度吸管、恒温水浴锅、离心机、电子天平等。

4. 实验步骤

1) 葡萄糖标准曲线制作

取 7 支 25 mL 具塞刻度试管,编号,按表 34-1 分别加入浓度为 1.0 mg/mL 的葡萄糖标准溶液、蒸馏水和 DNS 溶液,配成不同葡萄糖含量的反应液。

表 34-1 葡萄糖标准曲线

	试管号						
	0	1	2	3	4	5	6
1.0 mg/mL 葡萄糖标准溶液体积/mL	0	0.2	0.4	0.6	0.8	1.0	1.2
蒸馏水体积/mL	2.0	1.8	1.6	1.4	1.2	1.0	0.8
DNS 溶液体积/mL	1.5	1.5	1.5	1.5	1.5	1.5	1.5
葡萄糖含量/mg	0	0.2	0.4	0.6	0.8	1.0	1.2

续表

	试管号						
	0	1	2	3	4	5	6
	将各管溶液混合均匀，在沸水中加热 5 min，取出后立即用冷水冷却至室温，每管加入 21.5 mL 蒸馏水，摇匀						
A_{540}	调零						

以葡萄糖含量(mg)为横坐标，吸光度值为纵坐标，绘制标准曲线。

2）样品中还原糖和总糖的提取

（1）样品中还原糖的提取。

准确称取食用面粉 3.0 g，放入 100 mL 烧杯中，先用少量蒸馏水（约 2.0 mL）调成糊状，然后加入 50.0 mL 蒸馏水，搅匀，在 50 ℃恒温水浴中保温 20 min，期间需不时搅拌，使还原糖浸出。将浸出液转移到 50 mL 离心管中，于 4000 r/min 离心 5 min，沉淀可用 20.0 mL 蒸馏水洗 1 次，再离心，将 2 次离心后所得的上清液收集在 100 mL 容量瓶中，用蒸馏水定容至刻度，混匀，作为还原糖待测液。

（2）样品中总糖的水解和提取。

准确称取食用面粉 1.0 g，放入 100 mL 锥形瓶中，加蒸馏水 15.0 mL 及 6 mol/L HCl 溶液 10.0 mL，在沸水浴中加热水解 30 min（以 KI-I_2 溶液检查水解是否完全：取出水解液 1～2 滴置于白瓷板上，加 KI-I_2 溶液 1 滴检查水解是否完全。如水解完全，则不呈现蓝色）。待锥形瓶中的水解液冷却后，加入酚酞指示剂 1 滴，以 6 mol/L NaOH 溶液中和水解液至微红色，用蒸馏水在 100 mL 容量瓶中定容，混匀。将定容后的水解液过滤，取滤液 10.0 mL，移入另一 100 mL 容量瓶中定容，混匀，作为总糖待测液。

3）样品中含糖量的测定

取试管 3 支，按表 34-2 操作。

表 34-2　样品测定

	试管号		
	1(空白)	2(还原糖)	3(总糖)
样品溶液体积/mL	0	1.0	1.0
蒸馏水体积/mL	2.0	1.0	1.0
DNS 溶液体积/mL	1.5	1.5	1.5
	将各管溶液混匀，在沸水中加热 5 min，取出后立即用冷水冷却至室温，每管加入 21.5 mL 蒸馏水，摇匀		
A_{540}	调零		
样品溶液中还原糖和总糖	—		

测定后，根据样品的吸光度值在曲线上查出相应的糖量。

4）结果处理

按下式计算出样品中还原糖和总糖的百分含量：

$$\text{还原糖含量(以葡萄糖计)}=\frac{C\times V}{m\times 1000}\times 100\%$$

$$总糖含量(以葡萄糖计)=\frac{C\times V}{m\times 1000}\times稀释倍数\times 0.9\times 100\%$$

式中:C——还原糖或总糖提取液的浓度(mg/mL);

V——还原糖或总糖提取液的总体积(mL);

m——样品质量(g);

1000——mg 换算成 g 的系数。

5) 废弃物处理

废液倒入废液桶。

5. 要点提示

(1) 标准曲线制作与样品测定应同时进行显色,并使用同一空白管调零后比色。

(2) 若比色液颜色过深,其吸光度值可能超出标准曲线线性范围,可将样液适当稀释后再显色测定。

6. 思维拓展

根据多糖与单糖相对分子质量分析,3,5-二硝基水杨酸比色法测定总糖的含量时,为什么结果要乘系数 0.9?

实验 35 蒽酮法测定可溶性总糖

1. 实验目的

(1) 学习蒽酮法测定可溶性总糖的基本原理。

(2) 掌握蒽酮法测定可溶性总糖的操作技术。

2. 实验原理

糖类物质是构成植物体的重要成分之一,具有重要的生理作用。糖可作为呼吸基质,为植物的各种合成过程和各种生命活动提供所需的能量,同时也是新陈代谢的主要原料和储存物质。植物体内的可溶性糖主要是指能溶于水及乙醇的单糖和寡聚糖,包括葡萄糖、果糖、蔗糖等。测定植物组织中可溶性糖的含量可以在一定程度上了解植物各组织器官中的碳素营养状况以及农产品的品质性状。因此,可溶性糖的含量是农业产品必不可少的检测指标,尤其是以果实为目的产品的果树作物,其可溶性糖与酸的含量及其配比是影响果实风味品质的重要因素。对于鲜食品种,一般来讲,高糖中酸,风味浓,品质优;低糖中酸,风味淡,品质差。因此,可溶性糖的定量研究对果树的品质育种也具有重要意义。

可溶性糖的测定方法分为比色法和滴定法两类。蒽酮比色法(简称蒽酮法)是目前运用较广的测定方法。该法原理是糖类在硫酸作用下,可经脱水反应生成糠醛(或羟甲基糠醛),后者可与蒽酮反应生成蓝绿色糠醛衍生物,在可见光区 630 nm 波长处有最大吸收峰,在 10～100 μg/mL 范围内,颜色的深浅与糖的含量成正比,故在此波长下进行比色。该法有很高的灵敏度,糖含量在 30 μg/mL 就能进行测定,适于微量测定。该法具有试剂简单、操作简便、灵敏度高的特点,因而被广泛采用。

```
HO—CH—CH—OH                              CH—CH
    |    |                                ‖    ‖
HOH2C—CH    CH—CHO   —3H2O→   HOH2C—C      C—CHO
     |    |         浓硫酸              \  /
     OH   OH                             O
    己糖                              羟甲基糠醛
```

蒽酮法的特点是几乎可以测定所有的糖类分子，除戊糖与己糖外，也可以测定所有寡糖类以及淀粉、纤维素等多糖类物质。其原因在于反应液中存在浓硫酸，可将多糖水解成单糖而发生反应。因此，采用蒽酮法测得的糖含量，实际上是溶液中全部可溶性糖总量。在对糖的种类无特殊要求时，蒽酮法可一次性方便地测出总糖含量。当只想测定水溶性糖类时，应注意切勿将样品的未溶解残渣加入反应液中，否则会因细胞壁中的纤维素、半纤维素等与蒽酮试剂发生反应而增加了测定误差。

此外，当样品中存在含较多色氨酸的蛋白质时，反应不稳定，呈现红色。不同的糖类与蒽酮试剂的显色深度也有差异，果糖显色最深，葡萄糖次之，半乳糖、甘露糖较浅，五碳糖显色更浅，故测定糖的混合物时，常因不同糖类的比例不同造成误差，而测定单一糖类时，则可避免此种误差。

3. 试剂与器材

1）试剂

（1）0.1 mg/mL 葡萄糖标准溶液：准确称取 80 ℃烘至恒重的分析纯葡萄糖 100.0 mg，置于小烧杯中，加少量蒸馏水溶解后，转移到 1000 mL 容量瓶中，用蒸馏水定容，混匀，4 ℃冰箱中保存备用（可滴加几滴甲苯作为防腐剂）。

（2）蒽酮试剂：称取蒽酮 2.0 g，溶解到 80% H_2SO_4 溶液中，以 80% H_2SO_4 溶液定容到 1000 mL，当日配制使用。

（3）浓硫酸（相对密度为 1.84）。

（4）马铃薯干粉或新鲜果蔬（如白菜叶）。

2）器材

移液枪、试管、具塞刻度试管、烧杯、锥形瓶、容量瓶（50 mL、100 mL、1000 mL）、刻度吸管、恒温水浴锅、研钵、电炉、电子天平等。

4. 实验步骤

1）葡萄糖标准曲线制作

取 7 支 20.0 mL 具塞刻度试管，编号，按表 35-1 分别加入浓度为 1.0 mg/mL 的葡萄糖标准溶液、蒸馏水和蒽酮试剂，配成不同葡萄糖含量的反应液。

表 35-1　制作标准曲线

	试管号						
	0	1	2	3	4	5	6
0.1 mg/mL 葡萄糖标准溶液体积/mL	0	0.1	0.2	0.3	0.4	0.5	0.6
蒸馏水体积/mL	1.0	0.9	0.8	0.7	0.6	0.5	0.4
葡萄糖含量/μg	0	10	20	30	40	50	60
	在每支试管中立即加入蒽酮试剂 4.0 mL，迅速浸于冰水浴中冷却，然后在沸水浴中准确煮沸10 min，管口加玻璃珠以防蒸发，取出后用冷水冷却至室温，放置 10 min后，摇匀比色						
A_{620}	调零						

以葡萄糖含量（μg）为横坐标，吸光度值为纵坐标，绘制标准曲线。

2）植物样品中可溶性糖的提取

准确称取马铃薯干粉(购买或风干后磨细，过 1 mm 筛)100.0 mg，放入 50 mL 锥形瓶中，加沸水 25.0 mL，在水浴中加盖煮沸 10 min，冷却后过滤，滤液收集在 50 mL 容量瓶中，定容。

准确称取白菜叶 1.0 g，剪碎，置于研钵中，加入少量蒸馏水，研磨成匀浆，然后转入 20 mL 具塞刻度试管中，用 10.0 mL 蒸馏水分次洗涤研钵，洗液一并转入具塞刻度试管中。置沸水浴中加盖煮沸 10 min，冷却后过滤，滤液收集于 100 mL 容量瓶中，加蒸馏水至刻度，摇匀备用。

3）样品中可溶性糖的测定

取试管 4 支，按表 35-2 操作。

表 35-2　样品测定

	试管号			
	1	2	3	4
样品溶液体积/mL	—	1.0	1.0	1.0
蒸馏水体积/mL	1.0	—	—	—
蒽酮试剂体积/mL	4.0	4.0	4.0	4.0
	加入蒽酮试剂后，迅速浸于冰水浴中冷却。在沸水浴中准确煮沸 10 min，管口加玻璃珠以防蒸发，取出后用冷水冷却至室温，放置 10 min 后，摇匀比色			
A_{620}	调零			
样品溶液中可溶性糖含量/μg	—			

测定后，根据样品的吸光度值在曲线上查出相应的葡萄糖含量(μg)。

4）结果处理

按下列计算出样品中可溶性糖的百分含量：

$$植物样品含糖量(以葡萄糖计)=\frac{C\times V}{m\times 10^6}\times 100\%$$

式中：C——提取液的糖含量(μg/mL)；

V——可溶性糖提取液的总体积(mL)；

m——样品质量(g)；

10^6——μg 换算成 g 的系数。

5）废弃物处理

废液倒入废液桶。

5. 要点提示

(1) 本实验所用蒽酮试剂含有硫酸，操作过程中必须小心，避免让试剂接触皮肤或衣服，如果皮肤不小心接触到该试剂，应立即用清水冲洗，严重者应到医院进行必要的处理。

(2) 配制蒽酮试剂时，必须等稀释后的浓硫酸温度降至室温时才能加入蒽酮溶解，否则会导致蒽酮炭化。

(3) 浓硫酸的稀释方法是先将所需的水全部倒入烧杯中，然后将浓硫酸沿着烧杯壁慢慢加入，并且边加边搅拌，切记不能将水直接加入浓硫酸中。

(4) 在反应体系中，加入蒽酮试剂后，要迅速浸入冰水浴中冷却，避免浓硫酸与水发生水合作用后放出大量热量而导致过早显色。

(5) 必须使用长试管，而且在沸水浴中取出试管时，一定要使用试管夹，以免烫伤手，若失手还可能摔破试管，致使反应液伤及自己或他人。

(6) 该显色反应非常灵敏，溶液中切勿混入纸屑、尘埃等杂质。

6. 思维拓展

查资料分析，用水提取的糖类主要有哪些？

第二节　综合性实验

实验 36　肌糖原的酵解作用

1. 实验目的

(1) 学习糖酵解作用的原理和方法。

(2) 掌握乳酸测定的原理及方法。

2. 实验原理

糖酵解途径(glycolytic pathway)是指细胞在缺氧条件下细胞质中分解葡萄糖生成丙酮酸的过程，是体内糖代谢最主要的途径。该途径在生物界普遍存在，被认为是生物最古老、最原始的获取能量的一种方式。在需氧生物中，糖酵解过程中伴有少量 ATP 的生成。在缺氧条件下丙酮酸被还原为乳酸(lactate)称为糖酵解；有氧条件下丙酮酸可进一步氧化分解生成乙酰 CoA 进入三羧酸循环，生成 CO_2 和 H_2O，该过程称为有氧氧化(aerobic oxidation)。

对于需氧生物，糖酵解途径中释放的能量不多。在一般生理情况下，组织中的氧气能够满足需求，生物通过有氧氧化获取大量的自由能，因此这一代谢途径供能意义不大。但少数组织，如成熟的红细胞等组织细胞因缺乏线粒体，即使在有氧条件下，仍只能从糖酵解途径获得能量。此外，在某些情况下，糖酵解有特殊的生理意义。如在缺氧的情况下，必须通过糖酵解过程，供给机体能量；此外，在某些病理情况下，如严重贫血、大量失血、呼吸障碍、肿瘤组织等，组织细胞也需通过糖酵解来获取能量。

肌糖原(muscle glycogen)是肌肉中糖的储存形式。肌糖原在缺氧的条件下，经过一系列的酶促反应，最后转变成乳酸的过程称为肌糖原的酵解作用，该过程是糖类供给能量的一种方式。当机体突然需要大量的能量，而又供氧不足时，肌糖原的酵解作用可暂时满足能量消耗的需要。激烈运动时可见血中乳酸浓度成倍地升高，此为糖酵解作用加强的结果。在供氧充足条件下，组织内肌糖原的酵解作用受到抑制，有氧氧化为糖代谢的主要途径。

在剧烈运动时，能量需求增加，糖分解加速，此时即使呼吸和循环加快以增加氧的供应量，仍不能满足体内糖完全氧化所需要的能量，这时肌肉处于相对缺氧状态，需要肌糖原分解供能。肌糖原首先磷酸化，经过己糖磷酸酯、丙糖磷酸酯、甘油磷酸酯、丙酮酸等一系列中间产物，最后生成乳酸。该过程可综合成下列反应式：

$$\frac{1}{n}(C_6H_5O_5)_n + H_2O \longrightarrow 2CH_3CHOHCOOH$$

肌糖原酵解作用的实验，一般使用肌肉糜或肌肉提取液。若使用肌肉糜，因进行有氧氧化的酶系统(三羧酸循环和氧化呼吸链)位于线粒体内,所以需在无氧条件下进行,以避免糖被完全氧化为 CO_2 和 H_2O;若采用肌肉提取液,因催化糖酵解作用的酶系统全部存在于肌肉提取液中,且线粒体已被去除,所以可在有氧条件下进行。本实验也可用淀粉替代肌糖原,因为淀粉与肌糖原均为葡萄糖分子的高聚物,结构类似(图 36-1)。因淀粉的分支较糖原少,进行酶解时作用位点较少,故酶解时间需适当延长。

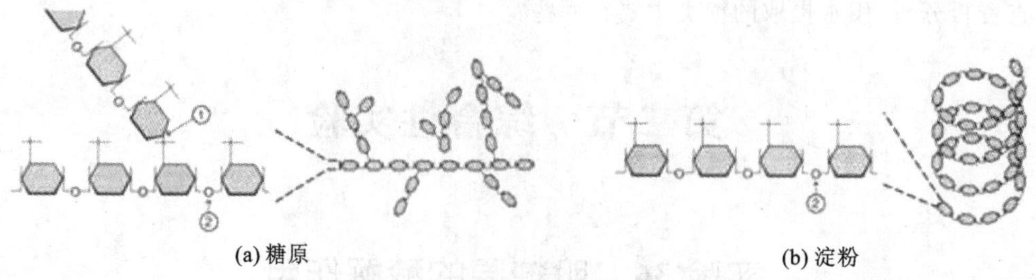

(a) 糖原　　(b) 淀粉

图 36-1　糖原与淀粉的结构示意图

糖原或淀粉的酵解作用,可由乳酸的生成来定性观察或定量测定。乳酸的检测方法有多种,如对羟基联苯比色法、EDTA 滴定法、HPLC 分析法和酶法等。其中对羟基联苯比色法因其特异性较好、灵敏度较高而被广泛使用。其检测原理是乳酸(除去蛋白质、糖等干扰物质后)在铜离子的催化下,与浓硫酸共热生成乙醛,后者能与对羟基联苯反应,生成在 565 nm 波长处有最大吸收峰的紫红色物质。在一定范围内,乳酸浓度与 565 nm 波长处的吸光度值呈线性关系,可通过该比色法测定乳酸含量。该法比较灵敏,每毫升溶液含 1 μg 乳酸即可出现明显的颜色反应。若有大量糖类和蛋白质等杂质存在,会严重干扰测定,因此实验中应尽量除去这些物质。另外,测定时所用的仪器应严格地清洗干净。本实验应用该方法进行乳酸的定性检测。

3. 试剂与器材

1) 试剂

(1) pH 7.4 1/15 mol/L 磷酸缓冲液。

甲液:1/15 mol/L KH_2PO_4 溶液(称取 KH_2PO_4 9.078 g,用蒸馏水定容至 1000 mL)。

乙液:1/15 mol/L Na_2HPO_4 溶液(称取 $Na_2HPO_4 \cdot 2H_2O$ 11.876 g(或 23.894 g $Na_2HPO_4 \cdot 12H_2O$),用蒸馏水定容至 1000 mL)。

将上述甲液与乙液按 1∶4 的体积比混合,即为 pH 7.4 1/15 mol/L 磷酸缓冲液。

(2) 对羟基联苯试剂:称取对羟基联苯 1.5 g,溶于 0.5%NaOH 溶液 100.0 mL 中,配成 1.5%的溶液。若对羟基联苯颜色较深,应用丙酮或无水乙醇重结晶,放置时间较长后,会出现针状结晶,应摇匀后使用。

(3) 0.5%糖原(或 0.5%淀粉)溶液。

(4) $CuSO_4$ 饱和溶液。

(5) 20%三氯乙酸(trichloroacetic acid,TCA)溶液:准确称取三氯乙酸 200.0 g,用蒸馏水定容到 1000 mL。

(6) 氢氧化钙(AR)。

(7) 高纯度浓 H_2SO_4(相对密度为 1.84)。

(8) 鸡、兔或鼠的肌肉糜。

2) 器材

试管及试管架、移液管、电子天平、滴管、玻璃棒、恒温水浴锅、漏斗、冰浴装置、滤纸、量筒、容量瓶(1000 mL)、旋涡搅拌器等。

4. 实验步骤

1) 肌肉糜的制备

用铁锤猛击动物头部,迅速放血和剥皮,立即割取其背部或腿部肌肉,置于冰浴中,将肌肉剪成肉糜状,低温保存备用(临用前制备)。

2) 肌肉糜的糖酵解作用

过程参见表 36-1。

表 36-1　糖酵解作用过程简表

	样品		空白	
	1	2	3	4
肌肉糜质量/g	0.5	0.5	0.5	0.5
20%TCA 溶液体积/mL	—	—	3.0	3.0
pH 7.4 1/15 mol/L 磷酸缓冲液体积/mL	3.0	3.0	3.0	3.0
0.5%糖原溶液体积/mL	1.0	1.0	1.0	1.0
	充分搅拌,加液状石蜡封口,37 ℃水浴 1 h,后吸出液状石蜡			
20% TCA 溶液体积/mL	3.0	3.0	—	—
	过滤,取滤液 5.0 mL 进行如下操作			
$CuSO_4$ 饱和溶液体积/mL	1.0	1.0	1.0	1.0
AR 质量/g	0.4	0.4	0.4	0.4
	充分搅拌,静置 10 min。过滤,滤液做乳酸鉴定实验			

(1) 糖酵解反应。

取 4 支试管,编号,1、2 号管为样品管,3、4 号管为空白管。各加入新鲜肌肉糜 0.5 g,向空白管内加入 20%TCA 溶液 3.0 mL,用玻璃棒将肌肉糜打散,搅匀,以沉淀蛋白质和终止酶的反应。然后,在每支试管中加入 3.0 mL pH 7.4 1/15 mol/L 磷酸缓冲液和 1.0 mL 0.5%糖原溶液。用玻璃棒充分搅匀后,分别加入少许液状石蜡(约 1.0 mL,在试管内形成 3～5 mm 高度),使它在液面形成一薄层以隔绝空气,并将 4 支试管同时放入 37 ℃恒温水浴中保温 1 h。

(2) 去除蛋白质、糖类等杂质。

反应 1 h 后,取出试管,立即向样品管内加入 20%TCA 溶液 3.0 mL,混匀。将各试管内容物分别过滤,弃去沉淀。量取每个样品的滤液 5.0 mL,分别加入已编号的试管中,然后向每管内加入 $CuSO_4$ 饱和溶液 1.0 mL,混匀,再加 0.4 g 氢氧化钙粉末,用玻璃棒充分搅匀后,放置 10 min,并不时振荡,使糖沉淀完全。将每个样品分别过滤,弃去沉淀。

3) 乳酸的鉴定

取 4 支洁净、干燥的试管,编号,各加入浓硫酸 2 mL,将试管置于冰浴中冷却。取每个样品的滤液一或两滴逐滴加入已冷却的浓硫酸中,边加边摇动冰浴中的试管,应注意冷却,避免试管内的溶液局部过热。将试管内液体混合均匀,放入沸水浴中煮沸 5 min,冷却后,再加入对羟基联苯试剂 2 滴(勿将对羟基联苯试剂滴到试管壁上),混匀后,比较并记录各管溶液的颜色深浅,加以解释。

4) 废弃物处理

废液倒入废液桶。

5. 要点提示

(1) 对羟基联苯试剂一定要经过纯化,呈白色。

(2) 对羟基联苯难溶于浓硫酸,必须充分振摇,有条件的话,可在试管混悬器上进行操作。

(3) 该显色反应非常灵敏,在测定过程中,试管必须洁净、干燥,防止污染,以免影响结果。所用滴管大小尽可能一致,减少误差。若显色较慢,可将试管放入 37 ℃恒温水浴中保温 10 min,再比较各管颜色。

(4) 鉴定乳酸时需去除溶液中糖、蛋白质的影响。AR 和 $CuSO_4$ 可去除糖类、醛类等杂质,TCA 可沉淀蛋白质。

(5) 为使糖沉淀完全,可延长沉淀时间至 30 min,并不时振荡(加封口膜)。

6. 思维拓展

如果样品管在加入葡萄糖后和空气充分接触,然后再加液状石蜡封口,实验结果会有不同吗?为什么?

第三节　设计性实验

实验 37　酵母细胞壁多糖的制备

1. 实验目的

(1) 通过实验,使学生了解细胞壁多糖提取的基本原理,掌握酵母细胞壁多糖提取的操作技术,掌握凝胶过滤法分离制备酵母细胞壁多糖的操作技术。

(2) 各实验小组通过检索文献资料,组织课堂讨论,设计实验方案,并通过具体实验操作,检验实验方案的可行性和正确性。

2. 教学设计与安排

1) 教学准备

(1) 学生查阅文献,了解酵母细胞壁多糖的提取及凝胶过滤法分离制备酵母细胞壁多糖相关领域的研究概况,设计实验方案。

(2) 在教师指导下,讨论实验方案的可行性,确定实验方案。

2) 教学过程

学生可以自主安排实验时间。

3) 建议

一个设计性实验常由多层次实验内容构成,教师指导学生合理安排实验程序,有效进行实验。

4) 讨论

(1) 讨论实验过程中遇到的问题和解决方案。

(2) 讨论实验的研究背景和意义。

(3) 以小论文的形式撰写实验报告。

3. 考核方式

1) 过程性评价

检查实验设计方案、实验记录、学生出勤情况、实验态度。

2）成果性评价

对撰写的小论文、小组汇报情况进行评价。

3）技能性评价

对技能操作考试、实验现象的观察、实验数据的处理、自学能力等进行综合评价。

4. 试剂与器材

1）试剂

(1) pH 5.0 0.02 mol/L 乙酸-乙酸钠缓冲液：称取无水乙酸钠 1.6406 g，用水溶解后，稀释至约 960 mL，然后用冰乙酸调溶液 pH 值至 5.0，稀释定容至 1000 mL。

(2) 6%苯酚溶液。

① 先配制 80%苯酚储存液：取苯酚（分析纯重蒸馏试剂）80.0 g，加 20.0 mL 蒸馏水使之溶解，可置冰箱中避光长期储存。

② 配制 6%苯酚溶液：取 80%苯酚储存液 75.0 μL 于烧杯中，加入 960.0 μL 蒸馏水（每次测定均需现配），摇匀即可。

(3) 葡萄糖标准溶液：准确称取分析纯无水葡萄糖 20 mg，溶于蒸馏水并定容至 50 mL。使用时再稀释 10 倍，即得 40 μg/mL 葡萄糖标准溶液。

(4) 蓝色葡聚糖：Bule Dextran 2000。

(5) 实验用凝胶：Sephadex G-150。

(6) 洗脱液：0.05 mol/L NaCl 溶液。

(7) 95% 乙醇。

(8) 硫酸铵溶液（2 mg/mL）。

(9) 5% $Ba(CH_3COO)_2$溶液。

(10) 浓硫酸。

(11) 干酵母粉或自培养的酿酒酵母。

2）器材

层析柱管（直径为 1.0～1.3 cm，长 75 cm）、试管、玻璃棒、滤纸、刻度吸管（1 mL）、721 型分光光度计、脱脂棉、试管架、铁架台、烧杯、锥形瓶（250 mL）、刻度试管（50 mL）、烧杯（250 mL）、容量瓶（50 mL、1000 mL）、滴管、0.45 μm 滤膜及过滤器、显微镜、恒温水浴摇床、高压灭菌锅、离心机、电子天平、恒温水浴锅、旋涡混合器、酸度计。

5. 实验步骤

1）酵母细胞壁的制备

(1) 洗涤：取干酵母粉或自培养新鲜酵母 30 g（干重），置于 250 mL 烧杯中，加入适量蒸馏水，摇匀成悬浮液，3000 r/min 离心 5 min 进行洗涤，重复洗涤 3～5 次。（需多次离心洗净，去除残留培养基成分，防止后续操作发生美拉德反应，导致细胞壁溶液颜色变深。）

(2) 诱导自溶：将洗净的酵母沉淀置于 250 mL 锥形瓶中，加 pH 5.0 0.02 mol/L 乙酸-乙酸钠缓冲液 100 mL，置 55 ℃恒温水浴摇床中，每分钟 60 次振荡自溶 20～24 h。（期间可以镜检方式检查细胞壁的破壁情况。）

(3) 收集：取自溶液于 4000 r/min 离心 20 min，收集沉淀，经 95%乙醇洗涤后，加适当蒸馏水溶解为样品液，用于后面的凝胶过滤，或在 105 ℃干燥，可长期保存。

2）凝胶过滤一般操作（参照实验 11）

(1) 凝胶处理。

(2) 凝胶装柱。

(3) 加样。

(4) 洗脱。

3) 细胞壁粗多糖的分离及制备

将粗多糖样品混合液上柱、洗脱,用试管收集。收集后,以苯酚-硫酸法测定每管内的糖浓度。以洗脱体积为横坐标,糖浓度为纵坐标制作洗脱曲线。根据洗脱峰位置,分离各组分多糖。合并每种多糖组分的试管,经旋转蒸发仪浓缩干燥,得到酵母细胞壁多糖的各组分。

4) 苯酚-硫酸法测定糖浓度

(1) 标准曲线的制作:取试管 8 支,编号,按表 37-1 顺序加入试剂。

表 37-1 标准曲线制作

	试管编号							
	1	2	3	4	5	6	7	8
葡萄糖标准溶液体积/mL	0	0.4	0.6	0.8	1.0	1.2	1.4	1.6
蒸馏水体积/mL	2.0	1.6	1.4	1.2	1.0	0.8	0.6	0.4
6%苯酚溶液体积/mL	1.0	1.0	1.0	1.0	1.0	1.0	1.0	1.0
浓硫酸体积/mL	5.0	5.0	5.0	5.0	5.0	5.0	5.0	5.0
	静置 10 min 后,摇匀,继续静置 20 min,测定 A_{490}							
A_{490}	调零							

(2) 样品中糖含量测定:凝胶过滤收集的洗脱液,一般需用蒸馏水稀释 5~20 倍后方可在有效范围内测定糖含量。

5) 废弃物处理

废液倒入废液桶。

第五章 脂类

粗脂肪含量的测定——脂类物质的测定方法

第一节 基础性实验

实验 38 粗脂肪含量的测定(索氏抽提法)

1. 实验目的

(1) 掌握索氏抽提法测定脂肪的原理与方法。

(2) 熟悉索氏抽提法的基本操作要点及影响因素。

2. 实验原理

脂肪是生物体内普遍存在的一类大分子有机化合物,在生物体内主要参与能量的供应和储藏,以及组成生物膜等细胞结构,它可以将能量和各种代谢的中间物提供给各种生命活动。如油料种子萌发时所需的能量主要来自脂肪,动物也可以利用食物中的脂肪或自身的储脂作为能源物质。许多植物的种子和果实中富含脂肪,脂肪含量可以作为鉴别其品质优劣的指标之一。脂肪含量的测定方法很多,如抽提法、比重法、折射法、酸水解法和核磁共振法等。其中,抽提法最为常用,而索式抽提法(Soxhlet extractor method)则是公认的经典方法。

利用脂肪能溶于有机溶剂的性质,本实验采用低沸点有机溶剂(乙醚或石油醚)回流抽提,脂肪随着有机溶剂的蒸发而除去,利用样品与残渣质量之差,计算粗脂肪含量。由于有机溶剂的抽提物中除脂肪外,还可能含有游离脂肪酸、甾醇、挥发油、磷脂、蜡及色素等类脂物质,所以索式抽提法测定的结果只能是粗脂肪的含量。

乙醚溶解脂肪的能力强,应用最多。乙醚沸点低(34.6 ℃),易燃。乙醚可饱和溶解 2%的水。含水乙醚在萃取脂肪的同时,会抽提出糖分等非脂成分,所以必须用无水乙醚作为提取剂,被测样品也要事先烘干。

石油醚的沸点比乙醚高,不太易燃,溶解脂肪能力比乙醚弱,吸收水分比乙醚少,允许样品含微量的水分。有时也采取乙醚、石油醚共用。但乙醚、石油醚都只能提取样品中游离态的脂肪,对于结合态的脂类,必须预先用酸或碱及乙醇破坏脂类与非脂类的结合,才能提取。

3. 试剂与器材

1) 试剂

(1) 无水乙醚(不含过氧化物)或低沸点石油醚(沸点 30～60 ℃)。

(2) 烟叶、谷物、豆类等油料作物种子。

2）器材

索氏抽提器(图 38-1)、干燥器(直径为 15～18 cm,盛变色硅胶)、不锈钢镊子(长 20 cm)、中速滤纸、培养皿、分析天平(感量为 0.0001 g)、称量瓶、恒温水浴锅、烘箱、样品筛(60 目)、毛玻璃板。

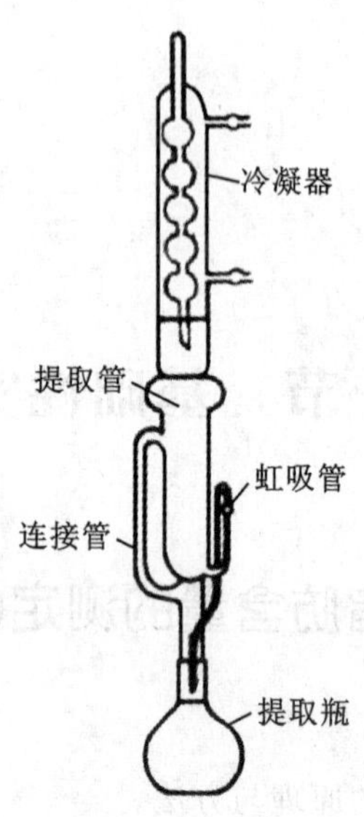

图 38-1　索氏抽提器

4. 实验步骤

1）滤纸的准备

将滤纸裁成 10 cm×10 cm 大小,叠成一边不封口的纸包,用铅笔注明顺序号,按顺序排列在培养皿中。将盛有滤纸包的培养皿移入(105±2) ℃烘箱中干燥 2 h,取出放入干燥器中,冷却至室温。按顺序将各滤纸包放入同一称量瓶中称重(记作 a),称量时室内相对湿度必须低于 70%。

2）样品包装和干燥

称取干燥后的待测样品粉末 2.0 g 左右,放入滤纸中,封好包口,放入(105±2) ℃的烘箱中干燥 3 h,移至干燥器中冷却至室温。按顺序号依次放入称量瓶中称重(记作 b)。

3）抽提

将装有样品的滤纸包用长镊子放入索氏抽提器中,在提取管中注入适量乙醚,使滤纸包完全浸入乙醚中,连接好抽提器各部分装置,接通冷凝水,在恒温水浴(45 ℃)中进行抽提,抽提时间视试样中粗脂肪含量而定,一般样品提取 6～12 h,坚果样品提取约 16 h。提取结束时,用毛玻璃板接取一滴提取液,如无油斑则表明提取完毕。抽提完毕后,回收提取管中的乙醚,用长镊子取出滤纸包放在通风处,使乙醚挥发。

4）称重

待乙醚挥发后,将滤纸包放在烘箱内干燥 1 h,放入干燥器中冷却至室温,称量。继续干燥 30 min 后冷却称量,反复干燥至恒重(记作 c)。

5）结果与计算

$$\text{粗脂肪质量分数}=\frac{b-c}{b-a}\times 100\%$$

式中：a——称量瓶加滤纸包重(g)；

b——称量瓶加滤纸包和烘干样重(g)；

c——称量瓶加滤纸包和抽提后烘干残渣重(g)。

6) 废弃物处理

抽提完毕后，回收提取管中的乙醚或石油醚，回收的乙醚或石油醚不能再用于抽提粗脂肪，应在瓶外标明。乙醚或石油醚进行回收、再利用，既可以节约资源，又可以避免污染环境，所以乙醚或石油醚的回收、再利用有重要的意义。

5. 要点提示

(1) 待测样品粗细度要适宜，研碎后过 60 目筛即可。若样品粉末过细，则会透过滤纸孔隙随回流溶剂流失；若样品粉末过粗，则脂肪不易抽提干净，影响测定结果。

(2) 抽提器需要进行脱水处理。如果抽提体系中有水，会使样品中的水溶性物质溶出，导致测定结果偏高；而且抽提溶剂易被水饱和(尤其是乙醚，可饱和溶解约 2%的水)，从而影响抽提效率。

(3) 应确保待测样品干燥，如果样品中有水，抽提溶剂不易渗入细胞组织内部，不易将脂肪抽提干净，影响测定结果。

(4) 向滤纸包内填装样品及回流提取过程中都应确保样品不漏出，否则要重做。

(5) 乙醚是易燃、易爆物质，应注意通风并且严禁抽提装置附近有明火或用明火加热。

(6) 样品和乙醚浸出物在烘箱中干燥时，时间不能过长，防止不饱和的脂肪酸受热氧化而增加质量。

6. 思维拓展

(1) 待测样品粉末的粗细对测定结果有哪些影响?

(2) 测定前为什么要对抽提器进行脱水处理?

(3) 为什么必须保证待测样品干燥? 潮湿的样品能否用乙醚直接提取?

(4) 使用乙醚时有哪些注意事项?

实验 39 酸值的测定

1. 实验目的

(1) 掌握酸值的概念。

(2) 熟悉酸值的测定原理和方法。

2. 实验原理

酸值又称为酸价，指中和 1 g 脂肪酸所需要的 KOH 的质量(mg)。因此，油脂的酸值代表油脂中游离脂肪酸的含量。

相应的化学反应式为

$$RCOOH + KOH \longrightarrow RCOOK + H_2O$$

酸值是评定油脂品质的主要指标，油脂中游离脂肪酸含量的多少，是衡量油脂品质好坏、精炼程度的重要标准之一。一般以游离脂肪酸含量低为佳。油脂存放时间较长后，就会水解产生部分游离脂肪酸，故可用酸值来表示油脂的新鲜程度，酸值越高，即游离脂肪酸越多，表示油脂腐败越厉害，越不新鲜，质量越差。一般新鲜的油脂其酸值应在 1 mg 以下。

用苯和乙醇的混合溶剂溶解油脂试样后,再用氢氧化钾标准溶液滴定油脂中的游离脂肪酸,根据消耗氢氧化钾的物质的量和油脂的质量,计算出酸值的大小。

3. 试剂与器材

1) 试剂

(1) 0.1 mol/L KOH 标准溶液。

(2) 苯醇混合液:等体积无水乙醇和苯混合,然后加入酚酞指示剂数滴(每 10 mL 混合溶剂中约加入酚酞指示剂 0.3 mL),用 0.1 mol/L KOH 溶液滴定至中性,颜色为红色。

(3) 1%酚酞指示剂:称取酚酞 1.0 g,溶于 75%乙醇 100.0 mL。

(4)植物油、脂肪等。

2) 器材

分析天平、碱式滴定管、锥形瓶、恒温水浴锅等。

4. 实验步骤

1) 样品的准备

对于液态样品,充分混匀备用;对于固态样品,缓慢升温使其熔化为液态,充分混匀备用。

2) 样品的称量

精确称取油样 3.0~5.0 g(精确到 0.001 g),置于 150 mL 锥形瓶中。

3) 样品的测定

加入中和过的苯醇混合液 50.0 mL,摇匀,使样品充分溶解,再加入酚酞指示剂 2~3 滴,然后用氢氧化钾标准溶液进行滴定,至溶液出现微红色且在 30 s 内不褪色为滴定终点。

4) 结果与计算

$$\text{酸值}=\frac{Vc\times 56.1}{m}$$

式中:V——滴定样品消耗的 KOH 标准溶液的体积(mL);

c——KOH 标准溶液的浓度(mol/L);

m——样品的质量(g);

56.1——KOH 的相对分子质量。

5) 废弃物处理

废液倒入废液桶。

5. 要点提示

(1) 待测样品颜色较深时,用酚酞作为指示剂判定终点较困难,尤其是溶解后的溶液呈红色时,酚酞指示剂很难指示明确的终点,可以改用碱性蓝 6B 或百里酚酞(麝香草酚酞)作为指示剂。

(2) 混合溶剂除用苯醇混合液外,也可以用乙醚-乙醇混合液(体积比为 2∶1)。蜡常不溶于乙醇,可用甲醇-甲苯混合液(体积比为 1∶1)或乙醇-石油醚混合液(体积比为 1∶2)。不论用哪一种溶剂,都要首先中和然后才能使用。

(3) 样品的称样量可以根据酸值的大小或颜色的深浅进行调整。对于酸值小、颜色浅的样品,样品量可增加至 20.0~30.0 g;对于酸值大、颜色深的样品,样品量可酌情减少。

6. 思维拓展

用苯醇混合液测定酸值时有哪些注意事项?

实验 40　卵磷脂的制备和脂肪碘值的测定

一、卵磷脂的制备

1. 实验目的

(1) 了解乙醇作为溶剂提取卵磷脂的原理和技术。

(2) 掌握卵磷脂的鉴定方法。

2. 实验原理

卵磷脂在脑、神经组织、肝、肾上腺和红细胞中含量较多，蛋黄中含量特别多。卵磷脂易溶于乙醇、乙醚等有机溶剂，可利用这些有机溶剂提取。卵磷脂和脑磷脂均溶于乙醚而不溶于丙酮，利用此性质可将其与中性脂肪分离开；此外，卵磷脂能溶于乙醇而脑磷脂不溶，利用此性质又可将卵磷脂和脑磷脂分离。

新提取的卵磷脂为白色蜡状物，与空气接触后因所含不饱和脂肪酸被氧化而呈黄褐色；卵磷脂被碱水解后可分解为脂肪酸盐、甘油、胆碱和磷酸盐。甘油与硫酸氢钾共热，可生成具有特殊臭味的丙烯醛；磷酸盐在酸性条件下与钼酸铵作用，生成黄色的磷钼酸铵沉淀；胆碱在碱的进一步作用下生成无色且具有氨和鱼腥气味的三甲胺。这样通过对分解产物的检验可以对卵磷脂进行鉴定。

3. 试剂与器材

1) 试剂

(1) 鸡蛋黄。

(2) 95%乙醇。

(3) 10% NaOH 溶液：NaOH 10.0 g 溶于蒸馏水，稀释定容至 100 mL。

(4) 丙酮。

(5) 钼酸铵试剂：将钼酸铵 6.0 g 溶于 15.0 mL 蒸馏水中，加入浓氨水 5.0 mL，另外将浓硝酸 24.0 mL 溶于 46.0 mL 的蒸馏水中，二者混合，静置 1 天后再用。

(6) 乙醚。

(7) 3%溴的四氯化碳溶液。

(8) 硫酸氢钾。

2) 器材

烧杯、漏斗、蒸发皿、酒精灯、试管、铁架台、石棉网、量筒、容量瓶(100 mL)、电子天平。

4. 实验步骤

1) 提取

取鸡蛋黄 2.0 g 于小烧杯内，加入热的 95%乙醇 15.0 mL，边加边搅拌，冷却，过滤，将滤液置于蒸发皿内，蒸汽浴上蒸干，残留物即卵磷脂。

2) 鉴定

(1) 三甲胺的检验：取提取的卵磷脂少许，置于试管内，加 10% NaOH 溶液 2.0 mL，水浴加热，嗅是否产生鱼腥味。将加热后的溶液过滤，滤液供下面的检验用。另取一些卵磷脂溶于

1.0 mL 乙醇中，添加丙酮 1.0～2.0 mL，观察变化。

(2) 不饱和性检验：取干净试管 1 支，加入上述滤液 10 滴，再加入 3%溴的四氯化碳溶液 1～2 滴，振摇试管，观察有何现象产生。

(3) 磷酸盐的检验：取干净试管 1 支，加入上述滤液 10 滴和 95%乙醇 5～10 滴，然后再加入钼酸铵试剂 5～10 滴，观察现象；最后将试管放入热水浴中加热 5～10 min，观察有何变化。

(4) 甘油的检验：取干净试管 1 支，加入少许卵磷脂和硫酸氢钾 0.2 g，用试管夹夹住并先在小火上略微加热，使卵磷脂和硫酸氢钾混熔，然后集中加热，待有水蒸气放出时，嗅有何气味产生。

5. 要点提示

卵磷脂提取中，过滤时如滤液混浊，需重滤直到完全透明。

6. 思维拓展

卵磷脂的主要生理功能有哪些?

二、脂肪碘值(价)的测定

1. 实验目的

(1) 掌握测定脂肪碘值的原理和操作方法。

(2) 了解测定脂肪碘值的意义。

2. 实验原理

碘值是指 100 g 脂肪在一定条件下吸收碘的质量(g)。通过碘值可以判断脂肪所含脂肪酸的不饱和程度。

脂肪中常含有不饱和脂肪酸，不饱和脂肪酸碳链上含有不饱和键，可与卤素(Cl_2、Br_2、I_2)进行加成反应而吸收卤素。不饱和键数目越多，加成的卤素量也越多，通常以碘值表示。碘值越高，表明不饱和脂肪酸的含量越高，它是鉴定和鉴别油脂的一个重要常数。

碘与脂肪的加成反应很慢，而氯及溴与脂肪的加成反应快，但常有取代和氧化等副反应。故测定碘值时常用氯化碘或溴化碘代替碘，这种试剂稳定，其中的氯原子或溴原子能使碘活化，测定的结果接近理论值。本实验使用溴化碘(IBr)进行碘值的测定，用一定量(必须过量)IBr 和待测的脂肪作用后，用硫代硫酸钠滴定的方法测定溴化碘的剩余量，依公式计算出待测脂肪吸收的碘量，求得脂肪的碘值。

具体反应过程如下：

加成反应 $IBr + {-CH{=}CH-} \longrightarrow {-CHI-CHBr-}$

释放碘 $IBr + KI \longrightarrow KBr + I_2$

用硫代硫酸钠滴定释放出来的碘 $I_2 + 2Na_2S_2O_3 \longrightarrow 2NaI + Na_2S_4O_6$

实验时取样多少取决于油脂样品的碘值。可参考表 40-1 与表 40-2。

表 40-1 样品最适量和碘值的关系

碘值/g	30 以下	30～<60	60～<100	100～<140	140～<160	160～210
样品质量/g	约 1.1	0.5～0.6	0.3～0.4	0.2～0.3	0.15～0.26	0.13～0.15
作用时间/h	0.5	0.5	0.5	1.0	1.0	1.0

表 40-2　几种油脂的碘值

名称	亚麻籽油	鱼肝油	棉子油	花生油	猪 油	牛 油
碘值/g	175～210	154～170	104～110	85～100	48～64	25～41

3. 试剂与器材

1）试剂

（1）花生油或猪油。

（2）溴化碘溶液（Hanus 试剂）：取碘 12.2 g，放入 1500 mL 锥形瓶内，缓慢加入 99.5%冰乙酸 1000 mL，边加边摇，同时略微加热，使碘溶解。冷却后，加溴约 3 mL。储于棕色瓶中。

注意：所用冰乙酸不应含有还原性物质。取冰乙酸 2.0 mL，加少许重铬酸钾及硫酸，若呈绿色，则证明有还原性物质存在。

（3）0.05 mol/L 硫代硫酸钠溶液：取 $Na_2S_2O_3 \cdot 5H_2O$ 12.5 g，溶在经煮沸后冷却的蒸馏水（杀死细菌，除去 CO_2）中。加入 Na_2CO_3 约 0.2 g，稀释至 1000 mL（硫代硫酸钠溶液在 pH 值为 9.0～10.0 时比较稳定），储于棕色瓶中置暗处，1 天后进行标定。

标定：准确量取 0.1 mol/L 碘酸钾溶液 20.0 mL，加 10% KI 溶液 10.0 mL 和 3 mol/L H_2SO_4 溶液 5.0 mL，混合均匀，用所配制的硫代硫酸钠溶液滴定至浅黄色后，加 1%淀粉溶液 1 mL 作为指示剂，使溶液呈蓝色，继续滴定至蓝色消失。计算 $Na_2S_2O_3$ 溶液的滴定体积和准确浓度。

$$KIO_3 + 5KI + 3H_2SO_4 \longrightarrow 3K_2SO_4 + 3I_2 + 3H_2O$$

$$I_2 + 2Na_2S_2O_3 \longrightarrow 2NaI + Na_2S_4O_6$$

（4）四氯化碳（AR）。

（5）1%淀粉溶液（淀粉溶于饱和 NaCl 溶液中）。

（6）10% KI 溶液。

2）器材

碘瓶（或带玻璃塞的锥形瓶）、棕色和无色滴定管各 1 支、吸量管、量筒、分析天平。

4. 实验步骤

（1）准确称取花生油 0.3～0.4 g 2 份或猪油 0.5～0.6 g 2 份，置于 2 个干燥洁净的碘瓶内，切勿使油沾在瓶颈或壁上。

（2）各加入四氯化碳 10.0 mL，轻轻摇动，使油全部溶解。

（3）分别准确地加入溴化碘溶液 25.0 mL，勿使溶液接触瓶颈，塞好瓶塞，在玻璃塞与瓶口之间加数滴 10% KI 溶液封闭缝隙，以防止碘的挥发逸出。

（4）混匀后在 20～30 ℃暗处放置 30 min，并不时轻轻摇动。油吸收的碘量不应超过溴化碘溶液所含之碘量的一半，若瓶内混合物的颜色很浅，表示花生油或猪油用量过多，减量重做。

（5）放置 30 min 后，小心地打开碘瓶的玻璃塞，使塞旁 KI 溶液流入瓶内，切勿损失。

（6）用 10% KI 溶液 10.0 mL 和蒸馏水 50.0 mL 把碘瓶塞和瓶颈上的液体冲入瓶内，混匀。

（7）用 0.05 mol/L 硫代硫酸钠溶液迅速滴定至浅黄色后，加入 1%淀粉溶液约 1.0 mL，继续滴定，接近终点（蓝色极淡）时，加塞用力振荡，使碘由四氯化碳层完全进入水层。再滴定至水层和非水层全都无色时为滴定终点。

(8) 另做两份空白对照,除不加油样品外,其余操作同上。滴定后,将废液倒入废液桶内,以便回收四氯化碳。

(9) 计算碘值:

$$碘值=\frac{(A-B)c}{样品质量(g)}\times\frac{126.9}{1000}\times 100$$

式中:A——滴定空白用去的 $Na_2S_2O_3$ 溶液的平均体积(mL);

B——滴定样品所消耗的 $Na_2S_2O_3$ 溶液的平均体积(mL);

c——$Na_2S_2O_3$ 溶液的浓度(mol/L)。

5. 要点提示

(1) 碘瓶必须洁净、干燥,否则油中含有水分,会导致反应不完全。

(2) 加碘试剂后,如发现碘瓶中颜色变浅褐色,表明试剂不够,必须再添加 10~15 mL 碘试剂。

(3) 如加入碘试剂后,液体变混浊,这表明油脂在 CCl_4 中溶解不完全,可再加些 CCl_4。

(4) 接近滴定终点时,用力振荡是本滴定成功的关键之一,否则容易滴加过头或不足。如振荡不够,CCl_4 层会出现紫色或红色,此时应用力振荡,使碘进入水层。

(5) 淀粉溶液不宜加得过早,否则滴定值偏高。

6. 思维拓展

(1) 测定碘值有何意义?

(2) 滴定过程中,淀粉溶液为何不能过早加入?

实验 41 丙二醛(MDA)含量的测定

1. 实验目的

(1) 掌握用试剂盒测定丙二醛的原理和方法。

(2) 了解丙二醛测定的临床意义。

2. 实验原理

自由基的过氧化作用与许多疾病的发生、发展及衰老有关。自由基可使脂类形成脂质过氧化物(过氧化脂质),过氧化脂质进一步分解为丙二醛(MDA),MDA 可与硫代巴比妥酸(TBA)缩合,形成红色产物,此红色产物在 532 nm 波长处有最大吸收峰,可用分光光度计进行定量测定。四乙氧基丙烷与过氧化脂质在上述反应的同一条件下也可产生 MDA,因此用四乙氧基丙烷作为标准品。

3. 试剂与器材

1) 试剂

(1) 人血清(或其他组织匀浆)。

(2) 丙二醛测定试剂盒(试剂用量按 50 份配制)。

试剂 A:液体 6 mL×1 瓶,室温保存(天冷时会凝固,每次测试前适当加热以加速溶解,直至透明方可使用)。

试剂 B:液体 6 mL×1 瓶,用时加 170 mL 双蒸水混匀(注意不要碰到皮肤上)。

试剂 C:粉剂×1 支,用时加入 30 mL 80~100 ℃的热双蒸水中(在溶解过程中可适当加热，充分溶解后用双蒸水补足至 30 mL)，再加 50%冰乙酸 30 mL，混匀，避光冷藏。

(3) 标准品：10 nmol/mL 四乙氧基丙烷。

(4) 50%冰乙酸。

(5) 无水乙醇。

2) 器材

可见光分光光度计、恒温水浴锅、旋涡混合器、离心机、离心管、移液器、试管等。

4. 实验步骤

1) 取 4 支干净试管，按表 41-1 进行操作。

2) 加入试剂后，用旋涡混匀器混匀，试管口用保鲜薄膜扎紧，刺一小孔，95 ℃水浴加热 40 min，取出后流水冷却，3500～4000 r/min 离心 10 min。取上清液，于 532 nm 波长处测定各管的吸光度值。

表 41-1　MDA 含量的测定

试剂	标准管	标准空白管	测定管	测定空白管
10 nmol/mL 四乙氧基丙烷体积/mL	0.1	—	—	—
无水乙醇体积/mL	—	0.1	—	—
人血清体积/mL	—	—	0.1	0.1
试剂 A 体积/mL	0.1	0.1	0.1	0.1
振荡试管混匀				
试剂 B 体积/mL	3.0	3.0	3.0	3.0
试剂 C 体积/mL	1.0	1.0	1.0	—
50%冰乙酸体积/mL	—	—	—	1.0

注：一般情况下，标准管、标准空白管及测定空白管每批只需做 1～2 支，若测定管中蛋白质含量不是太高，则测定空白管可以不做，用标准空白管来代替测定空白管。参考取样量：人血清取 0.1～0.2 mL，低密度脂蛋白悬液取 0.1～0.2 mL，食用油取 0.03 mL，肝组织、心肌、肌肉组织、螺旋藻等，取 5%或 10%匀浆 0.1～0.2 mL 较好。

3) 计算

(1) 人血清中 MDA 含量计算公式：

$$c=\frac{A_2-A_1}{A_4-A_3}\times c_0 n$$

式中：c——人血清中 MDA 的物质的量浓度(nmol/mL)；

A_1——测定空白管的吸光度值；

A_2——测定管的吸光度值；

A_3——标准空白管的吸光度值；

A_4——标准管的吸光度值；

c_0——标准品的物质的量浓度(10 nmol/mL)；

n——样品稀释倍数。

(2) 组织中 MDA 含量计算公式：

$$b=\frac{c}{C}$$

式中:b——组织中 MDA 的质量摩尔浓度(nmol/mg 蛋白质);

C——蛋白质质量浓度(mg/mL)。

4) 废弃物处理

(1) 废液倒入专门的废液桶。

(2) 本实验中正常死亡的动物,如失血过多、创伤等,以及实验后处死的动物应装入垃圾袋内,由学校动物中心统一处理。

5. 要点提示

在操作中,95 ℃水浴加热 40 min 的条件,在设备不够精确的情况下,需要经常检查温度,以保证实验结果的准确性。

6. 思维拓展

MDA 含量的测定有何实际意义?

实验 42 薄膜层析法分离血清脂蛋白

1. 实验目的

(1) 掌握薄膜层析分离血清脂蛋白的原理。

(2) 掌握聚酰胺薄膜层析的操作技术。

2. 实验原理

层析技术(chromatographic technique)又称色层分析法或色谱法(chromatography),是利用不同物质理化性质的差异而建立起来的技术,它是一类物理分离方法。所有的层析系统都由两相组成:一相是固定相,另一相是流动相。由于待分离的混合物各成分有差异,当各组分以不同程度分布在固定相和流动相两相中,各组分随流动相前进的速率不同,从而得到有效分离。

自 1944 年应用滤纸作为固定支持物的纸层析诞生以来,层析技术的发展越来越快。而且根据不同的标准可以把层析分为多种类型。例如,根据固定相基质的形式,层析可以分为纸层析、薄层层析和柱层析;根据流动相的形式,层析可以分为液相层析和气相层析;根据分离的原理不同,层析主要可以分为吸附层析、分配层析、凝胶过滤层析、离子交换层析、亲和层析等。目前,层析技术已成为生物化学研究中一项常用的分离分析方法。

聚酰胺薄膜层析是 1966 年后发展起来的一种新层析技术。它是指混合物流动相通过聚酰胺薄膜时,由于聚酰胺与各极性分子产生氢键吸附能力的强弱不同,而将混合物分离的方法。由于它具有灵敏度高、分辨力强、快速、操作方便等优点,已被广泛应用于各种化合物的分析。

用于层析的聚酰胺有两类:一类是锦纶-66(尼龙-66),另一类是锦纶-6。在这两类材质中,都含有大量酰胺基团,故统称为聚酰胺。聚酰胺以其—CO—或—NH—与极性化合物的—OH或$-\overset{\overset{\displaystyle O}{\|}}{C}-$之间形成氢键,从而发生吸附作用。不同物质与聚酰胺之间形成氢键的能力不同。在聚酰胺薄膜上做层析分离时,流动相从薄膜表面流过,被分离物质在溶剂和薄膜之间按分配系数的大小,发生不同速率的吸附与解吸过程,从而使混合物得到有序的分离。物质分离后,层析点在图谱上的位置,即在滤纸上的移动速率,用 R_f 来表示。

$$R_f=\frac{\text{原点至层析点中心的距离}}{\text{原点至溶剂前沿的距离}}$$

在一定条件下，每个物质都有特定的 R_f 值，因此，用 R_f 值可鉴定不同的物质。

血清脂蛋白是由血液中脂质与某些特异的蛋白质组成的一类不均一的复合物。因其所含的脂与载脂蛋白的比例不同，其密度范围在 0.96 g/mL（或更低）至 1.21 g/mL。正常的血清脂蛋白可分为三类，即 α-脂蛋白、前 β-脂蛋白和 β-脂蛋白。

3. 试剂与器材

1）试剂

（1）脂蛋白标准溶液（10 mg/mL）：α-脂蛋白、前 β-脂蛋白和 β-脂蛋白分别配成 10 mg/mL 的标准溶液。

（2）展层剂：正丁醇、12%氨水与 95%乙醇的体积比为 13∶3∶3。

（3）0.1%茚三酮的正丁醇溶液。

（4）新鲜血清。

2）器材

聚酰胺薄膜、毛细管、层析缸、烘箱、吹风机、喷雾器、塑料手套。

4. 实验步骤

1）聚酰胺薄膜的准备

取聚酰胺薄膜（7 cm×10 cm）1 张，在纸的一端距边缘 2～3 cm 处用铅笔画一条直线，在此直线上每隔 2 cm 做一记号为点样位置。

2）点样

用毛细管吸取各类标准溶液及待测样品约 5 μL，分别点在点样位置上，干后再点 1 次。每点在纸上扩散的直径，最大不超过 3 mm。为加快样品干燥，可用吹风机吹干，但注意温度不宜过高。

3）展层

取 1 个培养皿，倒入约 20.0 mL 展层剂，然后迅速放入密闭的层析缸中，将点好样的聚酰胺薄膜斜立于培养皿中（点样的一端在下，展层剂的液面需低于点样线 1 cm）。当溶剂前沿距上边缘 1 cm 时，取出聚酰胺薄膜，立即用铅笔描出溶剂前沿界线，并用吹风机吹干。

4）显色

用 0.1%茚三酮的正丁醇溶液在薄膜的一面均匀喷雾。置于烘箱中烘烤（100 ℃）5 min 或用吹风机热风吹干，然后用直尺测量每一显色斑点中心与原点的距离和原点到溶剂前沿的距离，计算出各显色点的 R_f 值。

5）废弃物处理

废液倒入废液桶。

5. 要点提示

（1）点样斑点不能太大（其直径应小于 3 mm），需要严格控制点样位置及点样斑点直径。

（2）脂蛋白易分解，血液样品必须新鲜，分离血清后应尽快使用，室温下放置过久或冷藏过久都会影响分离效果。

6. 思维拓展

试述薄膜层析法分离血清脂蛋白的基本原理。

第二节 综合性实验

实验43 脂肪酸的β-氧化

1. 实验目的

(1) 理解脂肪酸β-氧化作用机制,学习一种研究代谢作用的方法。

(2) 了解测定丙酮含量的原理。

2. 实验原理

脂肪酸的分解代谢主要是通过β-氧化作用进行的。因为首先在长链脂肪酸的β位碳原子上氧化,然后从羧基端断下二碳物,所以称为β-氧化作用。脂肪酸β-氧化在动物肝脏中进行,包括一系列反应。脂肪酸经β-氧化作用生成乙酰辅酶A,可以进一步参加三羧酸循环彻底氧化为二氧化碳和水,也可在肝脏内缩合形成乙酰乙酸。2分子乙酰辅酶A可缩合生成1分子乙酰乙酸,乙酰乙酸可经脱羧作用生成丙酮,也可以还原生成β-羟丁酸。乙酰乙酸、β-羟丁酸和丙酮统称为酮体。

本实验以丁酸为底物,和家兔肝脏中脂肪酸氧化酶系一起培养,通过丙酮的形成,来了解β-氧化作用机制。生成的丙酮可用碘仿反应来测定,即用过量的碘(定量)在碱性条件下与丙酮作用,生成碘仿,以硫代硫酸钠($Na_2S_2O_3$)标准溶液在酸性环境中滴定剩余的碘,从而可计算出丙酮的生成量。反应式如下:

$$2NaOH+I_2 \longrightarrow NaOI+NaI+H_2O \quad (1)$$

$$CH_3COCH_3+3NaOI \longrightarrow CHI_3(\text{碘仿})+CH_3COONa+2NaOH \quad (2)$$

硫代硫酸钠溶液的标定方法

剩余的碘,可用 $Na_2S_2O_3$ 标准溶液滴定。

$$NaOI+NaI+2HCl \longrightarrow I_2+2NaCl+H_2O \quad (3)$$

$$I_2+2Na_2S_2O_3 \longrightarrow Na_2S_4O_6+2NaI \quad (4)$$

由反应式(1)(2)(3)(4)可得出

$$CH_3COCH_3 \sim 3NaOI \sim 3I_2 \sim 6Na_2S_2O_3$$

因此每消耗1 mol的 $Na_2S_2O_3$ 相当于生成了1/6 mol的丙酮。根据滴定样品与滴定对照所消耗的 $Na_2S_2O_3$ 标准溶液体积之差,可以计算出由丁酸氧化生成丙酮的量。

3. 试剂与器材

1) 试剂

(1) Locke溶液:NaCl 0.9 g、KCl 0.042 g、NaH_2PO_4 0.02 g和葡萄糖0.1 g溶于50 mL去离子水中,加入 $CaCl_2$ 0.043 g,加去离子水定容至100 mL。

(2) 0.5%淀粉溶液:称取可溶性淀粉0.5 g,置于烧杯中,加少量冷的去离子水,调成糊状,再缓缓倒入煮沸的去离子水约90.0 mL,用去离子水定容至100 mL。现配现用。

(3) 0.9%NaCl溶液。

(4) 0.5 mol/L丁酸溶液:丁酸5.0 mL溶于100.0 mL 0.5 mol/L NaOH溶液中。

(5) 15%三氯乙酸溶液。

(6) 10%NaOH溶液。

(7) 10% HCl 溶液：将浓盐酸(36.5%)进行稀释。

(8) 0.1 mol/L 碘溶液：称取 I_2 12.7 g 和 KI 25.0 g，溶于蒸馏水中，稀释定容至 1000 mL，混匀，用 0.05 mol/L $Na_2S_2O_3$ 标准溶液标定。

(9) 0.1 mol/L $Na_2S_2O_3$ 溶液：结晶硫代硫酸钠($Na_2S_2O_3 \cdot 5H_2O$)25.0 g 溶解在煮沸并冷却的蒸馏水中，加入 3.8 g 硼砂溶解后定容至 1000 mL。

(10) 0.01 mol/L $Na_2S_2O_3$ 标准溶液：临用时将已标定的 0.1 mol/L $Na_2S_2O_3$ 溶液稀释成 0.01 mol/L。

(11) pH 7.6 1/15 mol/L 磷酸缓冲液：1/15 mol/L Na_2HPO_4 溶液 86.8 mL 与 1/15 mol/L NaH_2PO_4 溶液 13.2 mL 混合。

(12) 家兔肝脏。

2) 器材

恒温水浴锅、微量滴定管(5 mL)、移液管、剪刀及镊子、匀浆器、锥形瓶(50 mL)、漏斗、滤纸、天平、容量瓶(100 mL、1000 mL)。

4. 实验步骤

1) 肝组织糜的制备

(1) 将家兔颈部放血处死，取出肝脏；用预冷的 0.9% NaCl 溶液洗去污血；用滤纸吸去表面的水分。

(2) 称取肝组织 5.0 g 置于研钵中，加少量 Locke 溶液，在冰浴上研磨成细浆。再加 Locke 溶液至总体积为 10.0 mL，得肝组织糜。

2) 酮体生成和沉淀蛋白质

取 50 mL 锥形瓶 2 个，编号，一个为样品，另一个为对照，并按表 43-1 操作。

表 43-1 酮体生成和沉淀蛋白质

	锥形瓶编号	
	1 号(样品)	2 号(对照)
pH 7.6 1/15 mol/L 磷酸缓冲液体积/mL	3.0	3.0
0.5 mol/L 丁酸溶液体积/mL	2.0	—
肝组织糜体积/mL	2.0	2.0
	混匀，置于 43 ℃恒温水浴内保温 1.5 h	
15%三氯乙酸溶液体积/mL	3.0	3.0
0.5 mol/L 丁酸溶液体积/mL	—	2.0
	混匀，静置 15 min，过滤，滤液分别收集于 2 支试管中	

3) 酮体的测定

另取 50 mL 锥形瓶 3 个，按表 43-2 操作。

表 43-2 酮体的测定

	锥形瓶编号		
	A(样品)	B(对照)	C(空白)
1 号瓶滤液体积/mL	2.0	—	—
2 号瓶滤液体积/mL	—	2.0	—

续表

	锥形瓶编号		
	A(样品)	B(对照)	C(空白)
去离子水体积/mL	—	—	2.0
0.1 mol/L 碘溶液体积/mL	3.0	3.0	3.0
10%NaOH 溶液体积/mL	3.0	3.0	3.0
	摇匀,静置 10 min		
10% HCl 溶液体积/mL	3.0	3.0	3.0
0.5%淀粉溶液加入量/滴	3	3	3

混匀后立即用 0.01 mol/L $Na_2S_2O_3$ 标准溶液滴定剩余的 I_2,滴至浅黄色时,记录滴定 A 瓶与 B 瓶溶液所用 0.01 mol/L $Na_2S_2O_3$ 标准溶液的体积(mL),用来计算样品中的丙酮含量。

4) 计算

$$肝脏的丙酮含量(mmol/g)=(V_{对照}-V_{样品})\times c_{Na_2S_2O_3}\times\frac{1}{6}$$

式中:$V_{对照}$——滴定对照所消耗的 0.01 mol/L $Na_2S_2O_3$ 标准溶液的体积(mL);

$V_{样品}$——滴定样品所消耗的 0.01 mol/L $Na_2S_2O_3$ 标准溶液的体积(mL);

$c_{Na_2S_2O_3}$——$Na_2S_2O_3$ 标准溶液的浓度(mol/L)。

5) 废弃物的处理

废液倒入废液桶。

5. 要点提示

(1) 所用材料必须新鲜,以保证肝细胞内酶的活力;肝组织要在冰浴中研磨成细浆。

(2) 在 43 ℃恒温水浴内保温的目的是在酶的作用下让丁酸充分反应;三氯乙酸的作用是使肝匀浆的蛋白质、酶变性,发生沉淀并终止反应。

(3) 为减少误差,应尽量缩短滴定样品瓶和对照瓶的时间间隔;滴定终点均为浅黄色,滴定结束后样品瓶和对照瓶中的溶液颜色应一致。

6. 思维拓展

(1) 为什么说做好本实验的关键是制备新鲜肝组织糜?

(2) 为什么测定碘仿反应中剩余的碘可以计算出样品中丙酮的含量?

(3) 酮体测定时,B 和 C 两瓶所消耗 0.01 mol/L $Na_2S_2O_3$ 标准溶液体积之差,不应大于 A 和 B 两瓶之差,为什么?

第三节　设计性实验

实验 44　大豆品种的质量分析

1. 实验目的

(1) 通过实验,使学生掌握利用索氏抽提器及减重法测定大豆粗脂肪的含量的原理,了解使用旋转薄膜蒸发仪回收有机溶剂的方法，掌握微量凯氏定氮法测定蛋白质含量的原理和操作技术。

(2) 各实验小组通过检索文献资料，组织课堂讨论，设计实验方案，并通过具体实验操作，检验实验方案的可行性和正确性。

2. 教学设计与安排

1) 教学准备

(1) 学生查阅文献，了解大豆品种的质量分析相关领域的研究概况，设计实验方案。

(2) 在教师指导下，讨论实验方案的可行性，确定实验方案。

2) 教学过程

学生可以自主安排实验时间。

3) 建议

一个设计性实验常由多层次实验内容构成，指导学生合理安排实验程序，有效进行实验。

4) 讨论

(1) 讨论实验过程中遇到的问题和解决方案。

(2) 讨论实验的研究背景和意义。

(3) 以小论文的形式撰写实验报告。

3. 考核方式

1) 过程性评价

检查实验设计方案、实验记录、学生出勤情况、实验态度。

2) 成果性评价

对撰写的小论文、小组汇报情况进行评价。

3) 技能性评价

对技能操作考试、实验现象的观察、实验数据的处理、自学能力等进行综合评价。

4. 试剂与器材

1) 试剂

(1) 大豆粗脂肪的提取和定量分析试剂：石油醚。

(2) 微量凯氏定氮法测定蛋白质含量的试剂。

① 混合指示剂储备液：取 0.1% 甲烯蓝乙醇溶液 50.0 mL 与 0.1% 甲基红乙醇溶液 200.0 mL，混合，储于棕色瓶中，备用。本指示剂在 pH 值为 5.2 时呈紫红色，在 pH 值为 5.4 时呈暗蓝色，在 pH 值为 5.6 时呈绿色，蛋白质 pI 值为 5.4，所以指示剂的变色范围很窄，灵敏。

② 硼酸指示剂混合液：取 2% 硼酸溶液 100.0 mL，滴加混合指示剂储备液（大约 1.0 mL），摇匀后，溶液呈紫红色即可。

③ 浓硫酸。

④ 40% NaOH 溶液。

⑤ 0.0100 mol/L HCl 标准溶液。

⑥ K_2SO_4、$CuSO_4$ 混合物（K_2SO_4 与 $CuSO_4 \cdot 5H_2O$ 质量比为 5：1）。

(3) 大豆。

2) 器材

(1) 大豆粗脂肪的提取和定量分析器材：索氏抽提器、电子天平、烧杯、烘箱、干燥器、恒温水浴装置、脱脂滤纸、脱脂棉、镊子。

(2) 微量凯氏定氮法测定蛋白质含量的器材:消化管、蒸馏器、容量瓶(50 mL)、微量滴定管(5 mL)、电子天平、烘箱、消化器、移液管。

5. 实验步骤

(1) 大豆样品处理:粉碎、烘干与称重。

(2) 脂肪的含量测定(参照实验 38):索氏提取器的安装、抽提、回收溶剂、提取后样品称重、计算脂肪含量。

(3) 蛋白质的含量测定(参照实验 2):样品称重、样品消化、凯氏定氮仪的安装、滴定、计算蛋白质含量。

(4) 对乙醚或石油醚等有机溶剂进行回收、利用。

附录

常用缓冲液的配制

1. 0.05 mol/L 甘氨酸-HCl 缓冲液

取 0.2 mol/L 甘氨酸溶液 X mL、0.2 mol/L HCl 溶液 Y mL，再加水稀释至 200 mL。

pH 值	X	Y	pH 值	X	Y
2.0	50	44.0	3.0	50	11.4
2.4	50	32.4	3.2	50	8.2
2.6	50	24.2	3.4	50	6.4
2.8	50	16.8	3.6	50	5.0

2. 0.05 mol/L 邻苯二甲酸氢钾-HCl 缓冲液

取 0.2 mol/L 邻苯二甲酸氢钾溶液 X mL、0.2 mol/L HCl 溶液 Y mL，再加水稀释到 20 mL。

pH 值(20 ℃)	X	Y	pH 值(20 ℃)	X	Y
2.2	5	4.070	3.2	5	1.470
2.4	5	3.960	3.4	5	0.990
2.6	5	3.295	3.6	5	0.597
2.8	5	2.642	3.8	5	0.263
3.0	5	2.022			

3. 磷酸氢二钠-柠檬酸缓冲液

pH 值	0.2 mol/L 磷酸氢二钠溶液体积/mL	0.1 mol/L 柠檬酸溶液体积/mL	pH 值	0.2 mol/L 磷酸氢二钠溶液体积/mL	0.1 mol/L 柠檬酸溶液体积/mL
2.2	0.40	9.60	5.2	10.72	9.28
2.4	1.24	18.76	5.4	11.15	8.85
2.6	2.18	17.82	5.6	11.60	8.40
2.8	3.17	16.83	5.8	12.09	7.91
3.0	4.11	15.89	6.0	12.63	7.37
3.2	4.94	15.06	6.2	13.22	6.78
3.4	5.70	14.30	6.4	13.85	6.15
3.6	6.44	13.56	6.6	14.55	5.45
3.8	7.10	12.90	6.8	15.45	4.55
4.0	7.71	12.29	7.0	16.47	3.53
4.2	8.28	11.72	7.2	17.39	2.61
4.4	8.82	11.18	7.4	18.17	1.83
4.6	9.35	10.65	7.6	18.73	1.27
4.8	9.86	10.14	7.8	19.15	0.85
5.0	10.30	9.70	8.0	19.45	0.55

4. 柠檬酸-氢氧化钠-HCl缓冲液

pH值	钠离子浓度/(mol/L)	柠檬酸质量/g	氢氧化钠质量/g	浓盐酸体积/mL	最终体积/L
2.2	0.20	210	84	160	10
3.1	0.20	210	83	116	10
3.3	0.20	210	83	106	10
4.3	0.20	210	83	45	10
5.3	0.35	245	144	68	10
5.8	0.45	285	186	105	10
6.5	0.38	266	156	126	10

5. 0.1 mol/L柠檬酸-柠檬酸钠缓冲液

pH值	0.1 mol/L柠檬酸溶液体积/mL	0.1 mol/L柠檬酸钠溶液体积/mL	pH值	0.1 mol/L柠檬酸溶液体积/mL	0.1 mol/L柠檬酸钠溶液体积/mL
3.0	18.6	1.4	5.0	8.2	11.8
3.2	17.2	2.8	5.2	7.3	12.7
3.4	16.0	4.0	5.4	6.4	13.6
3.6	14.9	5.1	5.6	5.5	14.5
3.8	14.0	6.0	5.8	4.7	15.3
4.0	13.1	6.9	6.0	3.8	16.2
4.2	12.3	7.7	6.2	2.8	17.2
4.4	11.4	8.6	6.4	2.0	18.0
4.6	10.3	9.7	6.6	1.4	18.6
4.8	9.2	10.8			

6. 0.2 mol/L乙酸-乙酸钠缓冲液

pH值(18 ℃)	0.2 mol/L乙酸钠溶液体积/mL	0.3 mol/L乙酸溶液体积/mL	pH值(18 ℃)	0.2 mol/L乙酸钠溶液体积/mL	0.3 mol/L乙酸溶液体积/mL
2.6	0.75	9.25	4.8	5.90	4.10
3.8	1.20	8.80	5.0	7.00	3.00
4.0	1.80	8.20	5.2	7.90	2.10
4.2	2.65	7.35	5.4	8.60	1.40
4.4	3.70	6.30	5.6	9.10	0.90
4.6	4.90	5.10	5.8	9.40	0.60

7. 磷酸盐缓冲液

(1) 0.2 mol/L磷酸氢二钠-磷酸二氢钠缓冲液。

pH 值	0.2 mol/L 磷酸氢二钠溶液体积/mL	0.3 mol/L 磷酸二氢钠溶液体积/mL	pH 值	0.2 mol/L 磷酸氢二钠溶液体积/mL	0.3 mol/L 磷酸二氢钠溶液体积/mL
5.8	8.0	92.0	7.0	61.0	39.0
5.9	10.0	90.0	7.1	67.0	33.0
6.0	12.3	87.7	7.2	72.0	28.0
6.1	15.0	85.0	7.3	77.0	23.0
6.2	18.5	81.5	7.4	81.0	19.0
6.3	22.5	77.5	7.5	84.0	16.0
6.4	26.5	73.5	7.6	87.0	13.0
6.5	31.5	68.5	7.7	89.5	10.5
6.6	37.5	62.5	7.8	91.5	8.5
6.7	43.5	56.5	7.9	93.0	7.0
6.8	49.5	50.5	8.0	94.7	5.3
6.9	55.0	45.0			

(2) 1/15 mol/L 磷酸氢二钠-磷酸二氢钾缓冲液。

pH 值	1/15 mol/L 磷酸氢二钠溶液体积/mL	1/15 mol/L 磷酸二氢钾溶液体积/mL	pH 值	1/15 mol/L 磷酸氢二钠溶液体积/mL	1/15 mol/L 磷酸二氢钾溶液体积/mL
4.92	0.10	9.90	7.17	7.00	3.00
5.29	0.50	9.50	7.38	8.00	2.00
5.91	1.00	9.00	7.73	9.00	1.00
6.24	2.00	8.00	8.04	9.50	0.50
6.47	3.00	7.00	8.34	9.75	0.25
6.64	4.00	6.00	8.67	9.90	0.10
6.81	5.00	5.00	8.18	10.00	0
6.98	6.00	4.00			

8. 0.05 mol/L 磷酸二氢钾-氢氧化钠缓冲液

取 0.2 mol/L 磷酸二氢钾溶液 X mL、0.2 mol/L 氢氧化钠溶液 Y mL，加水稀释至 29 mL。

pH 值(20 ℃)	X	Y	pH 值(20 ℃)	X	Y
5.8	5	0.372	7.0	5	2.963
6.0	5	0.570	7.2	5	3.500
6.2	5	0.860	7.4	5	3.950
6.4	5	1.260	7.6	5	4.280
6.6	5	1.780	7.8	5	4.520
6.8	5	2.365	8.0	5	4.680

9. 巴比妥钠-HCl 缓冲液

pH 值(18 ℃)	0.04 mol/L 巴比妥钠溶液体积/mL	0.2 mol/L HCl 溶液体积/mL	pH 值(18 ℃)	0.04 mol/L 巴比妥钠溶液体积/mL	0.2 mol/L HCl 溶液体积/mL
6.8	100	18.4	8.4	100	5.21
7.0	100	17.8	8.6	100	3.82
7.2	100	16.7	8.8	100	2.52
7.4	100	15.3	9.0	100	1.65
7.6	100	13.4	9.2	100	1.13
7.8	100	11.47	9.4	100	0.70
8.0	100	9.39	9.6	100	0.35
8.2	100	7.21			

10. 0.05 mol/L Tris-HCl 缓冲液

取 0.1 mol/L 三羟甲基氨基甲烷(Tris)溶液 50 mL、0.1 mol/L HCl 溶液 X mL,混匀,加水稀释至 100 mL。

pH 值(25 ℃)	X	pH 值(25 ℃)	X
7.10	45.7	8.10	26.2
7.20	44.7	8.20	22.9
7.30	43.4	8.30	19.9
7.40	42.0	8.40	17.2
7.50	40.3	8.50	14.7
7.60	38.5	8.60	12.4
7.70	36.6	8.70	10.3
7.80	34.5	8.80	8.5
7.90	32.0	8.90	7.0
8.00	29.2		

Tris 溶液可从空气中吸收二氧化碳,使用时注意将试剂瓶盖严。

11. 硼酸-硼砂缓冲液(0.2 mol/L 硼酸根)

pH 值	0.05 mol/L 硼砂溶液体积/mL	0.2 mol/L 硼酸溶液体积/mL	pH 值	0.05 mol/L 硼砂溶液体积/mL	0.2 mol/L 硼酸溶液体积/mL
7.4	1.0	9.0	8.2	3.5	6.5
7.6	1.5	8.5	8.4	4.5	5.5
7.8	2.0	8.0	8.7	6.0	4.0
8.0	3.0	7.0	9.0	8.0	2.0

硼砂易失去结晶水,必须在带塞的瓶中保存。

12. 0.05 mol/L 甘氨酸-氢氧化钠缓冲液

取 0.2 mol/L 甘氨酸溶液 X mL、0.2 mol/L 氢氧化钠溶液 Y mL,加水稀释至 200 mL。

pH 值	X	Y	pH 值	X	Y
8.6	50	4.0	9.6	50	22.4
8.8	50	6.0	9.8	50	27.2
9.0	50	8.8	10.0	50	32.0
9.2	50	12.0	10.4	50	38.6
9.4	50	16.8	10.6	50	45.5

13. 硼砂-氢氧化钠缓冲液(0.05 mol/L 硼酸根)

取 0.05 mol/L 硼砂溶液 X mL、0.2 mol/L 氢氧化钠溶液 Y mL，加水稀释至 200 mL。

pH 值	X	Y	pH 值	X	Y
9.3	50	6.0	9.8	50	34.0
9.4	50	11.0	10.0	50	43.0
9.6	50	23.0	10.1	50	46.0

14. 0.1 mol/L 碳酸钠-碳酸氢钠缓冲液

pH 值		0.1 mol/L 碳酸钠溶液体积/mL	0.1 mol/L 碳酸氢钠溶液体积/mL
20 ℃	37 ℃		
9.16	8.77	1	9
9.40	9.12	2	8
9.51	9.40	3	7
9.78	9.50	4	6
9.90	9.72	5	5
10.14	9.90	6	4
10.28	10.08	7	3
10.53	10.28	8	2
10.83	10.57	9	1

Ca^{2+}、Mg^{2+} 存在时不得使用。

15. 磷酸钠缓冲液(PBS)

pH 值	7.6	7.4	7.2	7.0
蒸馏水体积/mL	1000	1000	1000	100
氯化钠质量/g	8.5	8.5	8.5	8.5
磷酸氢二钠质量/g	2.2	2.2	2.2	2.2
磷酸二氢钠质量/g	0.1	0.2	0.3	0.4

参考文献

[1] Batas B. Protein refolding at high concentration using size-exclusion chromatography [J]. Biotechnol Bioengin,1996,50(1):16-23.

[2] Bradford M M. A rapid and sensitive method for the quantitation of microgram quantities of protein utilizing the principle of protein-dye binding[J]. Anal Biochem, 1976,72: 248-254.

[3] Brown R E,Jarvis K L,Hyland K J. Protein measurement using bicinchoninic acid: elimination of interfering substances[J]. Anal Biochem,1989,180(1): 136-139.

[4] 白玲,霍群.基础生物化学实验[M].2版.上海:复旦大学出版社,2008.

[5] 北京大学生物系生物化学教研室.生物化学实验指导[M].北京:高等教育出版社,1986.

[6] 蔡武城,李碧羽.生物化学实验技术教程[M].上海: 复旦大学出版社,1983.

[7] 陈爱梅,江连洲.膜分离大豆乳清蛋白的研究[J].粮油加工与食品机械,2005,24(10): 79-82.

[8] 陈来同.生化工艺学实验 [M].北京:科学出版社,2007.

[9] 陈鹏,郭蔼光.生物化学实验技术[M].2版.北京:高等教育出版社,2018.

[10] 陈钧辉.生物化学实验[M].3版.北京:科学出版社,2003.

[11] 陈钧辉,李俊.生物化学实验[M].5版.北京:科学出版社,2014.

[12] 董晓燕.生物化学实验[M].北京: 化学工业出版社,2008.

[13] 杜希华,原永洁,尤瑞,等.分离乳酸脱氢酶同工酶的琼脂糖凝胶电泳法改进[J].上海实验动物科学,1996,16(3,4): 185-186.

[14] 高玲,易晓华.生物化学实验[M].北京:高等教育出版社,2018.

[15] 高庆,印建和,穆华容,等.对羟基联苯法测定啤酒中乳酸[J].酿酒,2005,32(6): 93-95.

[16] 郭蔼光.生物化学实验技术[M].北京:高等教育出版社,2007.

[17] 郭尧君.蛋白质电泳实验技术[M].北京:科学出版社,2001.

[18] 郭勇.现代生化技术[M].广州:华南理工大学出版社,2003.

[19] 蒋立科.生物化学实验设计与实践[M].北京: 高等教育出版社,2007.

[20] Lowry O H,Rosebrough N J,Farr A L,et al. Protein measurement with the Folin phenol reagent[J]. J Biol Chem,1951,193(1):265.

[21] 李梅,杜芳艳,刘慧瑾.响应面法优化海红果中氨基酸的提取工艺[J].榆林学院学报,2018,28(6):21-26.

[22] 李建武,萧能赓,余瑞元,等.生物化学实验原理和方法[M].北京: 北京大学出版社,1994.

[23] 李巧枝,程绎南.生物化学实验技术[M].北京:中国轻工业出版社,2010.

[24] 厉朝龙，陈枢青，刘子骀，等.生物化学与分子生物学实验技术[M].杭州:浙江大学出版社,2000.
[25] 刘道鸣,邱莉.介绍一种测定唾液淀粉酶活力的方法[J].南京:南京中医药大学学报(自然科学版),1982,24(3): 42-43.
[26] 刘箭.生物化学实验教程[M].2 版.北京: 科学出版社,2009.
[27] 刘媛媛.酵母细胞壁多糖制备及流变学性质研究[D].北京:中国农业科学院,2010.
[28] 吕媛,马钰,冯志明,等.二喹啉甲酸法在牛奶蛋白质定量中的应用[J].食品科学,2010,31(6): 151-154.
[29] 卢韫,王顺昌,汪承润,等.血清蛋白醋酸纤维素薄膜电泳实验教学的优化设计[J].生物学杂志,2010,27(4): 103-106.
[30] 钱国英.生化实验技术与实施教程[M].杭州:浙江大学出版社,2009.
[31] 钱之玉.药理学实验与指导[M].北京:中国医药科技出版社,1996.
[32] 苏拔贤.生物化学制备技术[M].北京: 科学出版社,1986.
[33] 王重庆.高级生物化学实验教程[M].北京: 北京大学出版社,1994.
[34] 王冬梅.生物化学实验指导[M].北京:科学出版社,2009.
[35] 王金亭,方俊.生物化学实验教程[M].2 版.武汉:华中科技大学出版社,2020.
[36] 王宪泽.生物化学实验技术原理和方法[M].北京:中国农业大学出版社,2002.
[37] 王秀奇,秦淑媛,高天慧,等.基础生物化学实验[M].2 版.北京: 高等教育出版社,1999.
[38] 王茂音.实用生物化学实验[M].合肥: 安徽科学技术出版社,1991.
[39] 韦平和.生物化学实验与指导[M].北京:中国医药科技出版社,2003.
[40] 徐安莉.生物化学实验指导[M].北京:中国医药科技出版社,2013.
[41] 萧能庚,余瑞元,袁明秀.生物化学实验原理和方法[M].北京:北京大学出版社,2005.
[42] 杨翠竹,李艳,阮南,等.酵母细胞破壁技术研究与应用进展[J].食品科技,2006,31(7): 138-142.
[43] 杨建伟.肌糖原酵解作用实验方法的改进[J].南阳师范学院学报,1997,17(3):86-87.
[44] 袁玉荪,朱婉华,陈钧辉.生物化学实验[M].2 版.北京:高等教育出版社,1995.
[45] 姚红娟,王晓琳,丁宁.膜分离在蛋白质分离纯化中的应用[J].食品科学,2003,24(1): 167-171.
[46] 赵亚华.生物化学实验技术教程[M].广州:华南理工大学出版社,2000.
[47] 赵德英,在亚青,张景宏,等.酶活性检测技术[J].中国饲料,1996,14: 64-66.
[48] 张桦.生物化学实验指导[M].2 版.北京:中国农业大学出版社,2020.
[49] 张蕾,刘昱,蒋达和,等.生物化学实验指导[M].武汉:武汉大学出版社,2011.
[50] 张龙祥,张庭芳,李令媛.生化实验方法和技术[M].2 版.北京:高等教育出版社,1992.
[51] 张丽萍,魏民,王桂云.生物化学实验指导[M].北京: 高等教育出版社,2011.
[52] 周恩远.大豆种质农艺性状与品质关系研究[D].哈尔滨:东北农业大学,2007.
[53] 周楠迪,史锋,田亚平.生物化学实验指导[M].北京: 高等教育出版社,2011.